浙江省普通本科高校"十四五"重点立项建设教材

感 知 理 论 力 学

李华锋　杨栩旭　编著

庄表中　主审

ZHEJIANG UNIVERSITY PRESS
浙江大学出版社
·杭州·

图书在版编目（CIP）数据
感知理论力学 / 李华锋，杨栩旭编著. -- 杭州 ：
浙江大学出版社，2024. 10. -- ISBN 978-7-308-25480-9
Ⅰ. O31
中国国家版本馆 CIP 数据核字第 2024MP3196 号

感知理论力学
GANZHI LILUN LIXUE
李华锋　杨栩旭　编著

责任编辑　王　波
责任校对　沈巧华
封面设计　雷建军
出版发行　浙江大学出版社
（杭州市天目山路 148 号　邮政编码 310007）
（网址：http://www.zjupress.com）
排　　版　杭州星云光电图文制作有限公司
印　　刷　杭州宏雅印刷有限公司
开　　本　787mm×1092mm　1/16
印　　张　11.5
字　　数　230 千
版 印 次　2024 年 10 月第 1 版　2024 年 10 月第 1 次印刷
书　　号　ISBN 978-7-308-25480-9
定　　价　39.00 元

浙江大学出版社市场运营中心联系方式：0571-88925591；http://zjdxcbs.tmall.com

序

力学是什么？许多人可能会想到砸在牛顿头上的那个苹果。从重力、摩擦力到万有引力，宇宙之大、粒子之小，力无处不在。

回顾人类的近代史，以理论力学（牛顿力学）、固体力学、流体力学等为代表的力学理论构成了前三次科学技术革命重要的内在驱动力，使人们认识到力学是不可缺少的科技知识。

人们在解决重大建设问题和培养高水平科技人才时感知到："力学的理论无疑是抽象的，但其本质都是直观的"，"力学的技术无疑是复杂的，但其本质是简单的"。理论力学是其他力学分支学科的基础，它是第一门要学习且需要锻炼基本功的课程，其基本概念、公理定律、定理、原理、方程、建模思路、实验技巧、思维方法等对开拓创新、解决重大问题、设计新产品、创造财富等都十分重要。

实践是检验真理的唯一标准，理论力学这一学科必须进行实验。2000年，教育部成立力学工科教学基地，浙江大学被列为全国六个基地建设之一。浙大人创建的"理论力学创新应用实验室"在2001年期中检查中被评价为"全国基础力学教学中的一个创举"。之后，该实验室开发的一些实验和演示装置、专利技术先后辐射到全国71个高校。接着，教育部成立各地力学实验示范中心，浙江大学又被列为全国的一个示范点。

概括起来，浙江大学师生在这二十几年时间里遵循新发展理念，做了许多探究性实验。2021年，浙江大学的应用理论力学实验慕课进入移动通信平台上的中国大学网络课堂。本书作者优化选取了许多看得见、摸得着的实例，引入教学，深受学生和工程师的欢迎。

2021年，教育部在全国高校设置"强基"与"拔尖学生"培养计划建设基地，浙江大学被选中开办"工程力学强基专业"。与此同时，浙江大学精心选择实验内容,建设了新的"工程力学强基实验室"和"力学科普演示室",全面贯彻党的二十大精神,用力学知识不断造福人民。

　　回顾浙江大学的理论力学教学发展历程,其开设实验课在全国是较早的。通过前辈教师的开拓、发展,现有教师的继承、拓展,积累了强基、交叉、创新、与时俱进的许多成果。这些成果只有通过总结、推广,才能贯彻"立德树人"的教育方针。

　　本书作者本着这个目的,收集了许多不可多得的感知应用素材,编著了本书,让学生学习选修课时有好教材,使必修"理论力学"课程的学生有一本课外的新形态参考书,让教师和工程师有一份应用实例丰富的力学参考资料。这将产生很好的教学效果和社会效益。

浙江大学航空航天学院

庄表中教授

2024 年 5 月 28 日

前　言

经常有人问我是教什么的,当听到我回答"力学"时,很多人的第一反应就是:"哦,物理!"确实,力学占了中学物理一半左右的篇幅,如果不是从事力学相关专业的工作,我也会很自然地把力学归入物理。对力学稍有了解的则会提及机械、建筑、桥梁、水利、船舶、航空航天等,在这些领域,力学都发挥着十分重要的作用。物理学发展最早的分支就是力学。力学和人类生产、生活的联系最为密切。回首人类近代史,以牛顿力学、固体力学、空气动力学等为代表的力学理论构成了前三次科技革命重要的内在驱动力。

进入 21 世纪以来,全球科技创新进入空前密集活跃的时期,中国的科技创新能力不断增强,在多个前沿领域从"跟跑者"发展为"领跑者"。党的二十大作出了全面建成社会主义现代化强国总的战略安排。党的二十大报告提出,坚持创新在我国现代化建设全局中的核心地位,加快实现高水平科技自立自强,加快建设科技强国。力学这样的基础学科,跟高水平科技是不是没多大关系? 恰恰相反,新质生产力的代表——机器人、发展低空经济的无人飞行器,都包含大量力学问题。在与工程科学进行多学科交叉融合中,力学正变得"更有力"!

作为力学相关专业修习的第一门力学类课程,理论力学是其他力学分支学科的基础,是现代工程技术的基础理论课程之一。它的基本概念、公理、定律、定理、原理、建模思路、实验技巧及思维方法等对研究开发、创新求新、开拓思维以及处理重大工程问题、设计新产品、技术革新等用处很大,因而备受有关专业人员的重视。这样的一门课是不是应该很深奥,非专业不可触碰? 其实不然,理论力学并不复杂,理论力学研究的物体机械运动广泛存在于日常生活和工程实践中。

2001 年,浙江大学展开了教育部"工科力学教学基地"(全国仅 6 家)的建设,2006 年又获批建设"力学国家级实验教学示范中心"(力学学科首批)。2021 年,示范中心的教师团队建设了"工程力学强基实验室"兼科普示范教室,让学生能够看得见、摸得着,身临其境地感知理论力学及其他力学。这些都深受学生的欢迎和好评。笔者从事理论力学实验教学十余年,开展了许多理论力学实验相关的教学改革和设备研制工作,开发了理论力学探究性创新实验项目十项。经过众多教师多年的协作努力,理论力学实验的内容不断得到优化和丰富。展望未来,理论力学实验还在不断发展和完善之中,无人机、机器人等都将用于实验项目之中。

为了让学生能乐于接触并理解理论力学原理,让学生对理论力学学习有更浓厚的兴趣,也为了梳理理论力学实验教学的现状并使其更好地发展,我们编著了此书。本书第 2、3、4 章分别介绍了静力学、运动学和动力学的基本原理,并加入了大量生活中的力学现象的分析讲解,这有利于学生理解这些现象,更有助于学生深入理解这些现象背后的理论力学原理。第 5 章介绍了工程力学强基实验室的各个演示与实验项目,第 6、7 章则分别介绍了我们正在开展的理论力学常规实验和探究性实验项目,充分展示了浙江大学理论力学实验教学的特色。本书内容由浅至深、图文并茂,适合不同层次的读者,既可以作为学习理论力学的入门读物,也可以作为高等学校理论力学课程的参考书和实验指导书。

本书使用了庄表中、王惠明、罗银森等老师积累的部分素材和资料;庄表中老师审阅了书稿,并提出了许多宝贵的意见;在本书编写的过程中,王永、金肖玲老师给予了大量的帮助,在此一并表示感谢。

限于作者水平,书中可能有疏漏和欠妥之处,望广大读者不吝批评指正。

编著者

目　录

第 1 章
认识理论力学

力学是最古老的学科之一，它是社会生产和科学实践长期发展的产物。力学归属于物理学，物理学发展最早的分支就是力学，物理学与人类的生活密切相关，而力学和人类生产、生活的联系更密切。

1.1 理论力学学什么?

力学是力与运动的科学，它主要研究物体的宏观机械运动。力学的发展可谓与人类的生产、生活息息相关。早在遥远的古代，人们就已经懂得运用各种简单的力学机械来减轻生产生活中的负担，让劳作更轻松，同时促进了静力学的发展。随着力学的不断发展，力学产生了一些分支，如动力学、静力学，等等，这些就是理论力学的基础，而理论力学又是其他力学分支学科的基础。

人类在生产劳动和对自然现象观测的基础上积累了力学知识，逐渐形成一些概念，然后对一些现象的规律进行描述。这种描述先是定性的，后是定量的。

我国春秋时期墨子(图 1.1.1)所著《墨经》(公元前 4 世纪至公元前 3 世纪)中，就有涉及力的概念、杠杆平衡、重心、浮力、强度和刚度的叙述。同一时期，古希腊的亚里士多德(图 1.1.2)在著作中解释杠杆理论:距离支点较远的力容易移动重物，因为它画出一个较大的圆。为静力学奠定科学基础的是享有"力学之父"美称的阿基米德(图 1.1.3)(公元前 3 世纪)，他在研究杠杆平衡、平面图形重心位置时，先建立一些公设，而后用数学论证的方法导出结论，提出了杠杆平衡公式(仅限于平行力)及重心公式。

图 1.1.1　墨子　　　　图 1.1.2　亚里士多德　　　　图 1.1.3　阿基米德

　　阿基米德提出的关于杠杆的公设之一是：不等距的等重不能平衡，杠杆将向距离较大一侧倾斜。亚里士多德对于画圆大小的见解和阿基米德的这个公设略有不同，它们分别是静力平衡条件的运动学方法和几何学方法的开端。约公元 1 世纪，亚历山大里亚的希罗把亚里士多德的提法明确为平衡时"运动着的力和所经历的时间成反比"。经过一千多年的发展，运动方法演化为虚位移原理，几何方法演化为用力矩表达的平衡条件。力系的简化和平衡的系统理论，即静力学体系的建立则是潘索在《静力学原理》（1803 年）一书中完成的。书中提出力偶的概念并阐明它的性质，对长期得不到解决的罗贝瓦尔的天秤平衡问题做出解答。

　　古代对机械运动的描述只限于匀速直线运动和匀速圆周运动。亚里士多德认为行星轨道应是最完美的曲线——圆；古埃及天文学家托勒密在《天文学大成》（公元 140 年左右）的地心说中，认为太阳绕地球做匀速圆周运动，行星又绕太阳做匀速圆周运动；至于运动和力的关系，古代尚无正确的认识。

　　亚里士多德在《论天》中认为，体积相同的两个物体，重者下落比轻者快。由于亚里士多德的权威地位，他的这个错误观点长期被奉为信条，直到 16 世纪末才被斯蒂文、格罗特和伽利略（图 1.1.4）用实验推翻。亚里士多德还认为运动物体必须有最初原因或一定不断有推动者，这一观点直到 1277 年才受到教皇约翰二十一世的批判。古代对运动的记录大多停留于定性的描述，许多和哲学观点相联系。

图 1.1.4　伽利略　　　　　　　　　　图 1.1.5　牛顿

　　动力学科学基础的建立以及整个力学的奠定时期在 17 世纪。意大利物理学家伽利略创立了惯性定律，首次提出了加速度的概念。他应用了运动的合成原理，与静力学中力的平行四边形法则相对应，并把力学建立在科学实验的基础上。英国物理学家牛顿（图 1.1.5）推广了力的概念，引入质量的概念，总结出机械运动的三大定律（1687 年），奠定了经典力学的基础。他发现的万有引力定律，是天体力学的基础。以牛顿和德国人莱布尼茨所发明的微积分为工具，瑞士数学家欧拉系统地研究了质点动力学问题,并奠定了刚体力学的基础。

在运动学方面,伽利略提出加速度的概念以后,惠更斯研究了点在曲线运动中的加速度。欧拉将数学分析方法用于力学。在 1736 年出版的《力学或运动科学的分析解说》中,他解析了自由质点和受约束质点的运动微分方程及其解,把力学解释为"运动的科学",不包括"平衡的科学"即静力学。其研究刚体运动学的更多结果载于他的专著《刚体运动理论》(1765 年)中。潘索的《物体转动的新理论》则以纯几何方法,利用惯性椭球来表现欧拉的惯性矩理论,说明不受外力矩而绕质心运动的刚体运动等价于惯性椭球在一固定平面上作无滑动的滚动。夏莱在 1830 年给出刚体一般运动可分解为平移和转动这一定理,科里奥利在 1835 年指出旋转参考系中存在附加加速度。物理学家安培提出"运动学"一词,并建议把运动学作为力学的独立部分(1834 年)。

至此,力学明确分为静力学、运动学、动力学三部分。但三者并不是割裂的,静力学和运动学可以看作动力学的组成部分,它们是在动力学之前产生的,又可看作动力学产生的前提。例如,荷兰学者斯蒂文解决了非平行力情况下的杠杆问题,发现了力的平行四边形法则(静力学),并在前人用运动学观点解释平衡条件的基础上提出了著名的"黄金定则",得到虚位移原理的初步形式,为拉格朗日的分析力学提供了依据。

理论力学发展的重要阶段是建立了求解非自由质点系力学问题的较为有效的方法。法国数学家达朗贝尔提出的,后来以他本人名字命名的原理,与虚位移原理相结合,可以得出质点系动力学问题的分析解法,产生了分析力学。这一工作是由拉格朗日于 1788 年完成的,他推出的运动方程,称为拉格朗日方程,在某些类型的问题中比牛顿方程更便于应用。后来爱尔兰数学家哈密顿于 19 世纪也推出了类似形式的方程。拉格朗日方程和哈密顿方程在动力学的理论性研究中具有重要价值。

时至今日,理论力学已经是一门完善的学科。其研究方法是从一些由经验或实验归纳出的反映客观规律的基本公理或定律出发,经过数学演绎得出物体机械运动在一般情况下的规律及具体问题中的特征。其基本的理论十分简单,但其演绎又非常复杂、深刻。几个屈指可数的基本定理就可以描述宏观低速世界所有物体的运动规律。

理论力学建立了科学抽象的力学模型(如质点、刚体等)。当研究的对象(即所采用的力学模型)为质点或质点系时称为质点力学或质点系力学,当研究的对象为刚体时则称为刚体力学。因所研究问题的不同,理论力学又可分为静力学、运动学和动力学。静力学研究作用于物体上的力系的简化理论及力系平衡条件;运动学只从几何角度研究物体机械运动特性而不涉及物体的受力;动力学则研究物体机械运动与受力的关系。动力学是理论力学的核心。

20 世纪以来,随着科学技术的发展,力学模型也越来越多样化,逐渐形成了一系列理论力学的新分支,并与其他学科结合,产生了一些新的学科,如地质力学、生物力学、爆炸力学、物理力学、飞行力学等。

1.2 理论力学难学吗?

"理论力学难学吗?"这是网络上讨论很多的一个话题,原因则是高等学校本科阶段学习理论力学课程的学生通过率相对较低。

目前,高校的力学课程主要针对工科专业开设,机械、土木、水利、海洋船舶、航空航天等专业均涉及,属于专业基础课。学生大一上完公共基础课,大二、大三开始接触专业课,力学课就是公共基础课向专业课过渡的课程,而理论力学又是力学课程中的第一门。在工科专业所有考试科目中,力学向来是公认比较难的,而理论力学尤为突出。

这样看来,理论力学对于初学者来说是具有一定的难度,而这个难度主要来自以下几个方面。

首先,理论力学课程的特点导致其较难理解。

我国的"理论力学"这门课程源自苏联教育模式,欧美高校并没有开设同名课程,取而代之的是"工程力学"或"应用力学"。力学问题来源于工程,欧美教材中有大量工程背景知识,告诉学生某个问题的出处,这样学生对问题的理解就会比较清楚。"理论力学"则更偏重理论,背景知识讲解得较少,重点针对抽象模型做分析、演算,如果学生在修这门课之前,没有接触足够的工程知识,则很容易认为是在做中学的物理题,并不知道做这些题的意义何在,带来的问题也是显而易见的。工程背景知识的缺失会给学习带来困难,这可能是众多难度系数较高的专业基础课的一个通病。

另外需要注意的是,理论力学是本科阶段第一门理论课,学生需要在思维方式上做出较大的转变。当然,教材、教法上的适当优化应该可以给学生带来很多的便利。

其次,理论力学涉及的概念较多且逻辑性和抽象性都很强,需要学生具备一定的物理学基础和数学分析能力。

理论力学是基于牛顿三大定律建立起来的具有严密公理化体系的一门课程,课程知识点非常分散,涵盖高中物理一半以上篇幅的内容。课程中的很多概念和定律都比较抽象,需要学生具备较强的物理直觉和想象力,比如有很多运动的机构,学生想象不出是怎么运动的,要找出各个运动量的关系就很难。对于初学者来说,是需要花费一定的时间和精力来理解和掌握这些概念和定律的。

理论力学中需要用到许多高级的数学工具,如微分方程、线性代数、矢量分析等,理论公式推导逻辑严密而且数量很多,要求学生具有较好的数学基础和抽象的逻辑推导能力。

最后,理论力学的题目往往比较复杂,可谓是"理论易懂,应用难",将抽象的概念和定律应用到实际问题中,需要学生有较强的解题能力和实践能力。

理论力学的研究方法是从一些由经验或实验归纳出的反映客观规律的基

本公理或定律出发,经过数学演绎得出物体机械运动在一般情况下的规律及具体问题中的特征,这就需要学生具备一定的实验能力,以便更好地理解和应用物理概念和规律。

因此,理论力学对于大多数人来说确实是一门难学的学科。

1.3　如何学好理论力学?

首先,在态度上深刻认识其重要性。

力学学科的特征在于它的"基础性"与"交叉性"。传统的力学被公认为既是基础科学,又是技术科学,它对相关的工程学科例如土木、机械、航空航天、水利、船舶、能源等起着强有力的支撑作用。如图 1.3.1 所示的南海新建的海上油气平台,高 136m、重 1.4 万 t,这样的平台建设需要用到大量力学知识。现代力学研究最显著的特点是与其他学科的交叉越来越广泛和深入,所涉及对象的复杂性和应用性也越来越突出,如发展低空经济的无人机(图 1.3.2)和机器人(图 1.3.3)这两大领域,就出现了一系列处于科学前沿的新问题。

图 1.3.1

图 1.3.2

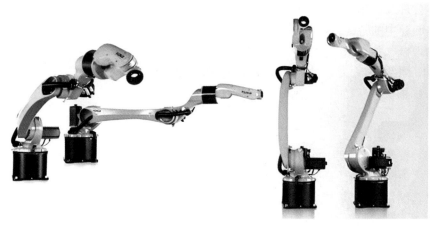

图 1.3.3

当前,世界各国都在推动发展新经济,推进新质生产力,抢占产业和科技的新高点,我国高校工科人才的培养面临着外部环境的快速变化。为主动应对新一轮科技革命与产业变革,支撑服务创新驱动发展、"中国制造 2025"等一系列国家战略,教育部正在积极推进高校的"新工科建设"。新工科建设具有反映时代特征、内涵新且丰富、多学科交融、多主体参与、涉及面广等特点。在这样的背景下,力学体系正孕育着重大变革,发挥力学学科的基础作用,面向世界科技前沿,与各学科交叉融合,产生新的学科增长点。

作为其他力学分支学科的基础,理论力学的知识和应用在当今的科技领域中有重要的地位。可以说,理论力学是物理和工程科学的基础,它对于物理和工程科学的发展和应用具有重要的意义。

只有充分认识到理论力学所处的这样一个重要位置,明确学习理论力学的目的和意义,增强学习的主动性,才能在学习中不断克服困难,获得好的结果。

其次,从手段上充分感知抽象概念。

兴趣是最好的老师。一个人对某事物感兴趣时,便会对它产生特别的注意,对该事物观察敏锐、记忆牢固、思维活跃、情感深厚。

兴趣是个人力求接近、探索某种事物和从事某种活动的态度和倾向,亦称"爱好",是个性倾向性的一种表现形式。作为一种意识倾向和内心要求,兴趣不是先天就有的,而是在人们需要的基础上,由于对某种事物的了解和反复接触后产生的;兴趣不是靠外界强制力量形成的,而是出于个人的强烈愿望建立和发展起来的。

课程的内容更直观、形象,教师的讲解更生动,学生就更容易对学习产生兴趣。但是,由于理论力学具有严密的科学性及系统性,教材内容不可能都编得直观、形象,老师讲课时也不可能把每章每节都讲得生动,这就需要我们适当优化教材和教法。

1.4　为什么要写这本书？

编写本书是力学教学的一个有趣尝试。本书对理论力学在身边的、工程中的创新应用实例进行演示（动画或视频），并让学生动手尝试，让学生看得见、摸得着，充分地感知理论力学。通过感知获得体会并巩固基本知识，有助于培养学生的创新思维和提高学生的学习兴趣，更有助于学生对知识点的深入理解，提高获得知识的效率，获得更好的学习效果。

通过感知理论力学建立起来的仅仅是"直接兴趣"，这种兴趣既不能持久，也不稳定，特别是对力学这样难度较大且比较基础的学科。要保持和提高对学习的兴趣，最根本的是要对学习产生"间接兴趣"，即对学习的结果有正确的认识。对学习稳定持久的兴趣，主要来源于强烈的求知欲和事业心，来源于远大的理想和抱负。

力学与航空航天等国防领域结合紧密，是很多重大、前沿工程项目的关键性基础，但很多力学相关专业的学生没有认识到这一点，认为力学的内容是基础知识，没有明确的应用背景，不知道学了力学可以做什么。这就需要我们转变教学目标：以树立理想为核心，以弘扬创新和工匠精神为主线，使学生深刻认识力学在国家建设中的作用。

目前，高校绝大多数课程的考核方式仍然是考试，因此教学过程主要是课堂讲授知识点和例题，课后让学生做大量习题，这对学生能力的培养是十分有限的。这就需要我们充分转变教学目标：顺应知识、能力、素质并重的人才培养要求，以学生为本，以能力培养为核心，增加教学过程中的实验、实践环节。

本书除了介绍理论力学相关的演示实验，还用较大篇幅介绍了理论力学相关的基础性实验和探究性实验，可以为国内高校理论力学实验室建设提供参考。

我们结合多年的教学经验，给学生以下具体建议。

（1）掌握数学知识：理论力学是建立在数学基础之上的，因此在学习理论力学之前，学生应该掌握一些必要的数学知识，在学习过程中应该注重对数学公式和定理的理解。

（2）建立概念体系：学好理论力学需要系统地建立一个概念体系，理解力学中的基本概念、原理和定理，并加以实践。在学习过程中应该注重建立概念的逻辑关系，为后期深入理解力学方程做好铺垫。

（3）注重实践能力的培养：理论与实践是相互促进的，只有通过实践将理论知识运用到实际工程问题中，才能将所学的理论知识真正地变为自己掌握的知识。学生应该注重实践能力的培养，通过对实际工程问题的分析和解决，加深对理论力学的理解和应用。

（4）掌握解题技巧：解理论力学的题，需要运用一些解题技巧。例如，做题时应该注意问题的条件和要求，理解问题的关键是什么，选择恰当的模型和等效方法,等等。在平时练习中,需要有意识地去总结和整理。

(5)利用网络资源:现在有许多网络资源可以帮助大家学习理论力学,比如线上课程、学习平台等,同学们应该学会利用这些网络资源。同时,可以与同学进行交流、探讨,提高学习效果。

理论力学是一门需要大量练习的学科,通过做练习题,我们可以更好地理解和掌握理论力学的基本概念和公式。做题时,应当在复习的基础上回顾原理的基本概念,按照其思路对习题进行分析,弄清楚这些概念在习题中有哪些应用,是怎样应用的。如果碰到了困难,产生了错误,要自己试着用原理、概念来分析,以解决问题。可以和同学讨论,可以请教老师,但应确保每个类型的题目都有一两道是在没有外部帮助的情况下自己独立解决的。

学习理论力学需要耐心和毅力,只要你坚持不懈地努力,就一定能够掌握这门学科。

第 2 章

静 力 学

理论力学是研究物体机械运动一般规律的科学,但对它的学习大多是从静力学开始的。

从特殊到一般是重要的数学思维方式之一。机械运动是人们在生活和生产实践过程中常见的现象,静止(平衡)是机械运动的特殊情况。静力学主要研究受力物体平衡时所受作用力应满足的条件。

物体的实际受力情况可能特别复杂,这就对静力学提出了一个问题:如何寻找复杂力系的外效应相同的简单力系? 因此,静力学也研究物体受力分析、力系简化的基本方法。

静力学也可应用于动力学。动力学受力分析的方法、力系向质心简化的方法,这些的基础都是静力学。借助达朗贝尔原理,还可将动力学问题在方法上转化为静力学问题的形式。

静力学是理论力学的基础。

2.1 静力学公理

2.1.1 何为公理

公理是指依据人类理性的不证自明的基本事实,经过人类长期反复实践的考验,不需要再加证明的基本命题。

经由可靠的论证,由前提导出结论的逻辑演绎方法,是由古希腊人发展出来的,并已成为现代数学的核心原则。除了重言式(永真式)之外,如果没有任何事物被假定,则没有任何事物可被推导。

公理即是导出特定一套演绎知识的基本假设。公理不证自明,而所有其他的断言都必须借助这些基本假设才能被证明,公理是用来推导其他命题的起点。和定理不同,一个公理不能被其他公理推导出来,否则它就不是起点。

在各种科学领域的基础中,或许会有某些未经证明而被接受的附加假定,此类假定称为"公设"。公理是许多科学分支所共有的,而各个科学分支中的公设则各不相同,公设的有效性必须建立在现实世界的经验上。

在《几何原本》中,欧几里得(Euclid,公元前 330 年至公元前 275 年)提出了5 个公设和 5 个公理,在此基础上,推导出 13 卷 465 个命题,发展至今成为人类知识文明的杰出代表。爱因斯坦曾高度称赞这种公理化体系:"在逻辑推理上的这种令人惊叹的胜利,使人们为人类未来的成就获得了必要的信心。"

在这之后,公理化体系就成为科学体系发展的基本模式,为科学体系提供了一种从定义、若干公理、公设出发,无穷尽地扩充人类知识领域的范式。只要发现了某些领域的基本公理、公设,就可以获得该领域全部已知、未知的知识,这极大地增强了人们认识自然的信心。

作为力学科学重要基础的静力学,人们也试图构建这样一种静力学公理体系,并由此获得有关静力学的真理。

2.1.2　名词解释

力是物体间的相互作用。力是使物体改变运动状态或发生形变的根本原因。

力是物体对物体的作用,不能脱离物体而单独存在;两个不接触的物体之间也可能产生力的作用;力的作用是相互的。

力的作用效果由大小、方向、作用点三要素决定,只有确定了力的三要素,才能确定力对物体运动状态等改变的效果。力是矢量。

力系是指在同一物体上作用的一群力。

这些力的作用线在同一平面上的,称为平面力系;作用线不在同一平面上的,称为空间力系;作用线汇交于一点的,称为汇交力系;作用线互相平行的,称为平行力系;作用线既不汇交又不平行的,称为任意力系。

若两力系分别使一刚体在相同的初始运动条件下产生相同的运动,则称为等效力系。

不受外力作用的物体可称其受零力系作用。一个力系如果与零力系等效,则称该力系为平衡力系;否则,称为不平衡力系。

刚体是指在运动中和受力作用后,形状和大小不变,而且内部各点的相对位置不变的物体。静力学中所指的物体通常都是刚体。

绝对刚体实际上是不存在的,所谓刚体只是一种理想化的力学模型。任何物体在受力作用后,都会有或多或少的变形,如果变形的程度相对于物体本身的几何尺寸来说极其微小,则在研究物体运动时变形就可以忽略不计。

把固体视为刚体,所得到的结果在工程上一般已有足够的准确度。但要研究应力和应变,则须考虑变形。由于变形一般总是微小的,可先将物体当作刚体,用理论力学的方法求得加载的未知力,然后用变形体力学,如材料力学、弹性力学、塑性力学等的理论和方法进行研究。

刚体在空间的位置,由刚体中任一点的空间位置和刚体绕该点转动时的位置来确定,所以刚体在空间中有六个自由度。

在力的作用下,变形不能忽略不计的物体称为变形体。

2.1.3　静力学公理

静力学公理是静力学中已被反复实践证实并被认为无须证明的最基本的原理,其正确地反映了客观规律,并成为演绎推导整个静力学理论的基础。

公理 1　力的平行四边形法则

作用在物体同一点上的两个力可以合成一个合力,这个合力的效果仍然作用在该点,其大小和方向由这两个力构成的平行四边形的对角线来确定。

平行四边形法则最早记载于古希腊亚里士多德学派所著的《力学问题》一书中,后经由荷兰的斯蒂文通过大量实验论证。斯蒂文在 1586 年发表的《静力学基础》中,明确提出了力的分解与合成原理。了解力的矢量特性是人类对力认识的一个飞跃,由此才产生数学上的矢量代数和矢量分析。

力是矢量,两个力相加,就是对应的两个矢量相加。矢量相加一般使用平行四边形法则,又可推广至三角形法则、多边形法则(图 2.1.1)等。

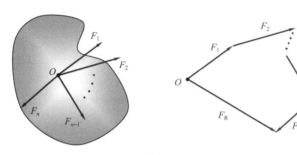

图 2.1.1

公理 2　二力平衡条件

作用在同一刚体上的两个力,使刚体保持平衡的充分必要条件是:两个力的大小相等、方向相反,且作用在同一直线上。

如果在受到两个力作用的情况下能平衡,这两个力一定是相互抵消的。但是要注意,这两个力是作用在同一个刚体上的。对于柔性体,这不是平衡的充分条件。

公理 3　加减平衡力系原理

在任一原有力系上加上或减去任意的平衡力系,与原力系对刚体的作用效果等效。

同样,这一原理仅针对同一刚体。图 2.1.2 中(a)与(b)是不能等效的。

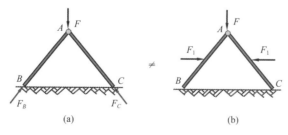

图 2.1.2

推论 1　力的可传性

作用于刚体上某点的力,可以沿着它的作用线移到刚体上任意一点,而不改变其对刚体的作用效果。

如图 2.1.3 所示,力对刚体为滑移矢量。因此,对于刚体,力的三要素变为:大小、方向、作用线。这一原理仅针对同一刚体,图 2.1.4 中的滑移是不满足可传性的。

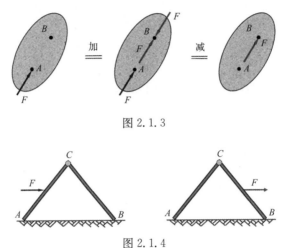

图 2.1.3

图 2.1.4

推论 2   三力平衡汇交定理

刚体在三个力作用下平衡,若其中两个力的作用线交于一点,则第三个力的作用线必通过此汇交点,且三个力位于同一平面内。

此推论先使用力的可传性,将作用线相交的两个力移动到汇交点,然后使用公理 1 合成一个力,接下来二力平衡使用公理 2,第三个力的作用线过汇交点,且三力共面。进一步地,可以推广到:若 N 个力平衡,其中 $N-1$ 个力汇交于一点,则第 N 个力过此点。

这一推论在受力分析过程中用处很大,可以方便、快捷地确定一些力的作用方向。例如,图 2.1.5 中:地面对圆轮的作用力(方向未知,但作用点为 C)与圆轮的重力汇交于 C,则重杆对圆轮作用力的作用线必过 C 点,由此可以确定力 F_A 的方向;同样道理,圆轮对重杆的作用力、重杆的重力、地面对重杆 B 端的作用力必交于一点,由此可以确定地面对重杆 B 端作用力的方向。

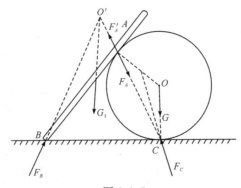

图 2.1.5

公理 4　作用和反作用定律

作用力和反作用力总是同时存在,两个力大小相等、方向相反,分别作用在两个不同物体的同一条直线上。

这就是牛顿第三运动定律,其揭示了力的本质:物体间的相互作用。

但要注意,二力平衡是两个力作用在同一刚体上,而作用力与反作用力是分别作用在两个相互作用的不同物体上,不管它们是刚体还是柔体。

公理 5　刚化原理

变形体在某一力系作用下处于平衡,如果将此变形体刚化为刚体,其平衡状态保持不变。

刚化原理提供了用刚体模型研究变形体平衡的依据。变形体平衡后,如果力保持不变,则变形也保持不变,将其刚化为刚体,平衡状态也不变。

因此,刚体的平衡是变形体平衡的必要条件,但非充分条件。

2.2　约束与约束反力

发现"杠杆原理"之后,阿基米德欣喜若狂,但饱受质疑。阿基米德坚信自己的推断与研究,他说:"给我一个支点,我就能撬动地球。"这样的"支点"根本不存在,它其实是一个理想化的约束。

位移不受限制的物体称为自由体。位移受到限制的物体称为非自由体。对非自由体的某些位移起限制作用的周围物体即为约束。

从力学角度看,约束对物体的作用实际上也是力,即约束反力。但与直接作用在物体上大小、方向已知的主动力不同,约束反力的大小和方向会随着主动力的变化而变化,是被动力。在静力学问题中,主动力与约束反力形成平衡力系,可以用平衡条件求出未知的约束反力。

下面介绍几种典型的约束模型及其约束反力的特性。

2.2.1　光滑接触面

这是一类理想化的模型。摩擦是很普遍的现象,但如果摩擦较小可以忽略,则可以使用这类模型。

由于接触面是光滑(无摩擦)的,不能限制物体沿约束表面的切线方向发生位移,只能阻碍物体沿接触表面法线方向的位移发生,因此,光滑接触面约束反力的作用点位于接触点,方向沿接触面的公法线指向被约束的物体。如图 2.2.1 中,光滑的勺放在碗中,最终会在一个特定的位置附近保持平衡,此时,勺受到自重、碗底约束反力、碗边约束反力,形成一个三力平衡汇交力系。

图 2.2.1

2.2.2 光滑铰链

铰链是用来连接两个固体并允许两者之间存在相对转动的机械装置,在机械结构中十分常见。

光滑铰链实际上是对光滑接触面约束的实际应用,根据具体的形状又可以分为以下两种。

1. 圆柱形铰链

如图 2.2.2 所示的合页和如图 2.2.3 所示的剪刀,都是通过圆柱形的轴将两个独立的部件连接在一起的。当主动力未确定时,其约束反力是无法确定的,但作用线一定垂直于轴线并通过轴心。

图 2.2.2   图 2.2.3

2. 球形铰链

如图 2.2.4 所示的球形铰链,是通过球形的光滑接触面连接两个部件的。如图 2.2.5 所示的万向节,则是通过两根相互垂直的圆柱形轴相连的,在不考虑两个连接件的轴向转动的情况下,也可以看成是球铰。此时,约束反力方向未知,但作用线必过球心或万向节两轴的轴线交点。

图 2.2.4   图 2.2.5

2.2.3 柔索约束

柔软的绳索只能承受拉力,因此约束反力也一定是拉力,作用点为绳索与物体接触处,方向沿着绳索背离物体。实际工程中的链条、传动皮带等都可归入这一类。

图 2.2.6 为一座拉索桥,桥面每隔一定距离就有一根钢缆连到桥柱上,由钢缆来承受桥面的主要重量和载荷,这里的钢缆就是典型的柔索约束。

图 2.2.6

2.2.4 固定端约束

固定端约束直接限制约束处的位移和转角,因此,约束反力的作用点是在固结处,而约束反力的大小和方向均未知,而且约束处可以有力矩。图 2.2.7 中的观景台根部就属于固定端约束。

图 2.2.7

不同类型的约束对物体运动的限制条件不同,所产生约束力的方向也有所不同。掌握各种类型约束的特点,进行受力分析,画出研究对象的受力图,是研究力学问题的必要基础。

2.3   物系受力分析

受力分析是将研究对象看作一个孤立的物体并分析它所受各外力特性的方法，是进行力学计算的第一步。

首先，在进行受力分析前，要先弄清研究对象，其可以是单个的物体，也可以是物体的系统组合。我们常说的"隔离法""整体法"，指的就是受力的对象是单个物体，还是由多个物体组成的整体。对于连接体，在进行受力分析时，往往要变换几次研究对象之后才能解决问题。

其次，有序地找出研究对象所受的力。一般先分析重力，然后环绕物体一周，找出跟研究对象接触的物体，并逐个分析弹力和摩擦力，再分析其他场力。需要注意：只分析研究对象所受的力，不分析其对其他物体所施加的力；只分析按性质命名的力，不分析按效果命名的力；合力和分力不能同时作为物体所受的力等。

最后，受力分析完成后要认真检查：画出的每一个力能否找到施力物体，能否找出反作用力，能否使研究对象处于给出的运动状态。

理解力的概念并掌握各种力的特点，是正确分析受力的基础和依据。要想熟练掌握，还需要通过一定的练习，反复体会、总结，不断加深对物体运动规律的认识。

2.3.1   曲柄滚轴拖把挤水的过程与受力分析

1. 曲柄滚轴拖把结构

视频 2-1
一种曲柄连杆压水拖把

图 2.3.1 为新型拖把的结构示意图。它由 14 个零件和一些标准螺钉装配而成。按图示形态，将拖把向左单方向地拖移，脏屑和水就被（用特殊材料做成的胶棉）吸附。再将拖把放入盛水的桶内把手柄往复扳动多次，清洗、挤水后就又可以拖地了。

视频 2-2
另一种曲柄连杆压水拖把

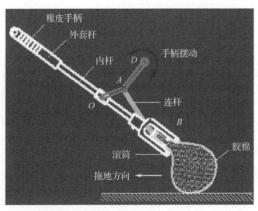

图 2.3.1

2.机构各部件受力情况

挤水机构的工作原理如图 2.3.2 所示,O、A、B 各处均为销子,摩擦很小可忽略,又不计重力,则可将整个系统看成保守系统,它只受外力 F_D 和 F_B 以及支座 O 处反力的作用。

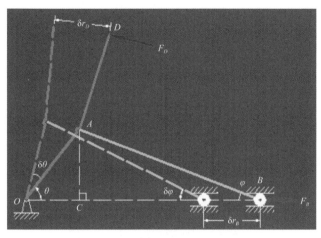

图 2.3.2

3.虚功原理的应用

求力 F_D 和 F_B 之间的关系。假设初始时杆件 OA 与 OB 的夹角为 θ,杆件 AB 与 OB 的夹角为 φ。根据虚位移原理(又称虚功原理),设曲杆 OAD 在力 F_D 作用下 D 处有一虚位移 δr_D,则连杆 AB 的虚角位移为 $\delta\varphi$,又认为在 B 处的虚位移为 δr_B。这些虚位移中只有 1 个是独立的,下面根据几何关系来确定这些虚位移之间的关系。

$$\delta r_D = |OD|\delta\theta$$
$$\delta r_B = -|OA|\sin\theta\left(1+\frac{|OA|\cos\theta}{|AB|\cos\varphi}\right)\delta\theta$$

外力对整个系统所做的虚功为

$$\delta W = F_D\delta r_D + F_B\delta r_B$$

对于保守系统

$$\delta W = 0$$

因此,由上述四式求解得

$$F_D = F_B\sin\theta\frac{|OA|}{|OD|}\left(1+\frac{|OA|\cos\theta}{\sqrt{|AB|^2-|OA|^2\sin^2\theta}}\right)$$

这就给出了 F_D 与 F_B 的关系。图 2.3.3 和图 2.3.4 给出了具体的变化过程曲线,其中$|OA|=30\mathrm{mm}$。若$|OA|$数据不同,则有一系列不同的 F_D 与 F_B 之比的曲线。

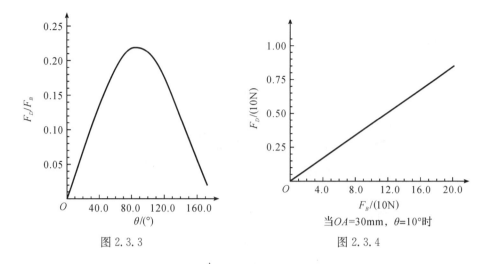

图 2.3.3

当 $OA=30\text{mm}$，$\theta=10°$ 时

图 2.3.4

2.3.2 管子钳与剪刀钳的受力分析

许多好的工具都充分利用了力学原理，这里以图 2.3.5 所示的管子钳和剪刀钳为例，进行受力分析，分别画出它们的受力图。图 2.3.6 为管子钳受力图，图 2.3.7 为剪刀钳受力图。

视频 2-3
管子钳的使用

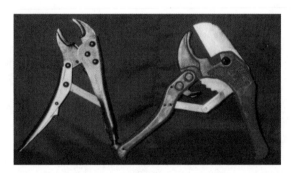

图 2.3.5

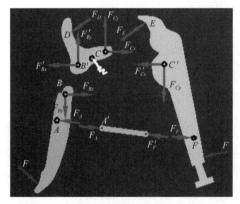

图 2.3.6

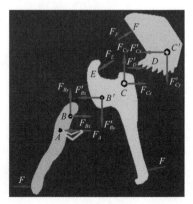

图 2.3.7

2.3.3 挖掘机部件受力分析与求解各油缸的推力或拉力

工程机械中的起重机、推土机和挖掘机,在基本建设中是十分重要的。2008 年汶川地震中,人们已看到这些工程机械在抢救生命、修路、移除障碍等任务中发挥了巨大的作用。

以挖掘机为例(图 2.3.8)。设铲斗的最大重量 $G=40\text{kN}$,重心在 C 点。为了使铲斗在图示位置平衡,求油缸 EF 和 AD 所提供的推力或拉力。设所有的连接点均为光滑铰接。EF 与 FH 垂直,其他尺寸如图 2.3.8(a)所示。

首先判断出这是静定问题。对挖掘机的整体来说,油缸 EF 和 AD 的推力或拉力都是内力,为求出此力,必须将整体拆开。取出图 2.3.8(b)所示的局部系统为研究对象,画出受力图。作用在此研究对象上的外力包括铲斗的重量 G、铰链 B 的约束力 F_{Bx} 和 F_{By} 以及油缸 AD 的推力 F_{AD}。列出平衡方程

$$\sum M_B(F_i)=0,\text{即} -G(0.5\text{m}+2\text{mcos}10°)+F_{AD}\times0.25\text{m}\times\text{cos}40°=0$$

求得

$$F_{AD}=516\text{kN}$$

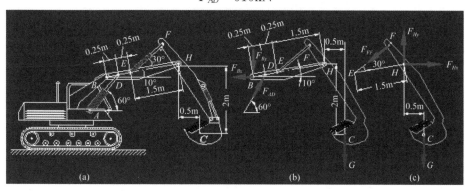

图 2.3.8

为了求油缸 EF 对铲臂的拉力 F_{EF},必须再将局部系统 $BDEHF$ 拆开。选择铲臂和铲斗 FH 作为研究对象,画出受力图[图 2.3.8(c)]。列出平衡方程

$$\sum M_H(F_i)=0,\text{即} -G\times0.5\text{m}+F_{EF}\times1.5\text{msin}30°=0$$

求得

$$F_{EF}=26.7\text{kN}$$

读者从这个例题可以看到,灵活正确地选取研究对象,对解决刚体系统的平衡问题是非常重要的。

2.3.4 开窗机构的受力分析与计算

如图 2.3.9 所示的开窗机构,窗门与水平面是垂直的;如图 2.3.10 所示的开窗机构,窗门的转动轴是水平的。

图 2.3.9   图 2.3.10

图 2.3.11 所示是动窗与窗框闭合的情形，图 2.3.12 所示是窗开启一定角度时的状态。

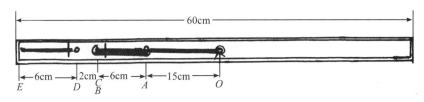

图 2.3.11

视频 2-5
两种开窗机构的
视频

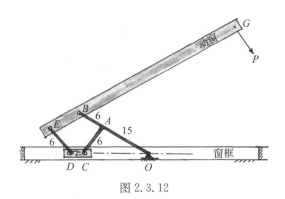

图 2.3.12

以图 2.3.9 为例，这个窗与水平面垂直，依靠手拉或推手柄，即可实现"关窗"和"开窗"。此窗的顶部和底部采用的就是图 2.3.12 所示的机构，它是由 OAC 的曲柄滑块和 $EBAD$ 的四连杆机构组合而成的，设计时各杆的几何尺寸满足下式：

$$ED + DC + CA + AO = EB + BO$$

机构整体、滑块 DC、曲柄 BAO 和杆 EBG 的受力分析如图 2.3.13 至图 2.3.16 所示。有足够的平衡方程式，可算出各铰链和二力杆件受力的大小。

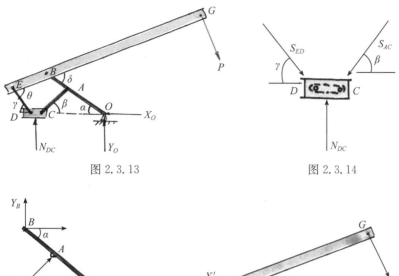

图 2.3.13　　　　　　　　　　　图 2.3.14

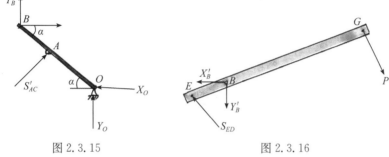

图 2.3.15　　　　　　　　　图 2.3.16

设计时的优化指标：

(1)P 力最小，即可以轻松启闭窗户。

(2)γ 角、θ 角最大，即窗户开放度最大。

2.3.5　翻倒问题与起重机的稳定度

在许多理论力学教材的"平面一般力系"一章中，选用了下面的例题。

一塔式起重机如图 2.3.17 所示。机架重 $G=700\text{kN}$，作用线通过塔架的中心，最大起重量 $G_1=200\text{kN}$，最大悬臂长为 12m，轨道 A、B 的间距为 4m，平衡块重 G_2，它与机身中心的距离为 6m,试问：

(1)保证起重机在满载和空载时都不会翻倒，求平衡块的重量 G_2。

(2)若已知平衡重量为 100kN，问在起吊 200kN 时的稳定度（稳定度＝稳定力矩/翻倒力矩）为多少？

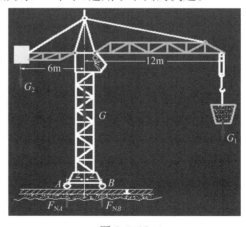

图 2.3.17

满载时，为使起重机不绕 B 点翻倒，这些力必须满足 $\sum M_B(F_i)=0$，在临界状态时 $F_{NA}=0$，此时得最小值

$$G_{2\min}=75\text{kN}$$

空载时，为使起重机不绕 A 点翻倒，这些力必须满足 $\sum M_A(F_i)=0$，在临界状态时 $F_{NB}=0$，此时得最大值

$$G_{2max}=350kN$$

实际起重机是不允许处于极限状态的，因此使起重机不会翻倒的平衡重量应在一个范围内，即

$$75kN<G_2<350kN$$

本题起吊时的翻倒力矩为 $200kN\times(12m-2m)=2000kN\cdot m$，而稳定力矩为 $100kN\times(6m+2m)+700kN\times2m=2200kN\cdot m$，则起吊时的稳定度为 1.1。

2.4　力矩、力偶、力系简化

通过受力分析，画出受力图，可得到作用在物体上的所有力。

当力系中各力的作用线处于同一平面内时，称该力系为平面力系。力系中各力的作用线不处于同一平面时，称该力系为空间力系。平面力系又可以分为平面汇交系、平面力偶系、平面平行力系、平面任意力系，空间力系也可有类似的分类。

平面汇交系是指各力的作用线都在同一平面内且作用线汇交于一点的力系。根据力的可传性（公理 3 推论 1），可将各力都沿其作用线移至汇交点，进而可以用力的平行四边形法则（公理 1）将各力依次合成，或直接使用力的多边形法则将各力首尾相连直接合成，最终简化为一合力。同样地，空间汇交力系也可以简化为一个合力。

对于汇交力系，平衡条件很容易确定——合力为零。而对于较为复杂的力系，则需要寻求一种将其简化的途径。

2.4.1　力矩

力矩是表示力对物体产生转动效应的物理量。这一概念起源于阿基米德对杠杆的研究，转动力矩又称为转矩，能够使物体改变其旋转运动状态。力矩能使物体获得角加速度，对同一物体来说力矩愈大，转动状态就愈容易改变。

力矩是矢量。力对某一点（矩心）的矩的大小等于该点到力的作用线所引垂线的长度（即力臂）乘以力的大小，其方向则垂直于垂线和力所构成的平面，可用右手螺旋法则来确定。

力对某点的矩，不仅决定于力的大小，而且与矩心的位置有关，矩心位置不同，力矩就不同。当力的大小为零或力臂为零时，力矩为零。力臂是矩心到力的作用线的距离，因此，力沿其作用线移动时，力矩不变。相互平衡的两个力对同一点的矩的和为零。

力对某一轴线力矩的大小，等于力对轴上任一点的矩在轴线上的投影。力对轴的矩是力使刚体绕该轴转动效果的度量，是一个标量。其绝对值等于该力

在垂直于轴的平面上的投影对于该轴与投影平面交点的矩的大小,正负号取值规定为:从转轴正端看,若力使物体绕该轴逆时针转向则取正号,反之取负号,即可以按右手螺旋法则确定。当力与轴在同一平面内(作用线与轴平行)时,力对轴的矩为零。

当力矢与矩心在同一平面内时,力矢对矩心的矩可以看作是力矢对过矩心且垂直于该平面的轴的矩。

在国际单位制中,力矩的单位是牛顿·米(N·m)。需要注意的是,虽然力矩的单位与焦耳(能量和做功的国际单位)的量纲是相同的,但力矩和能量是两个完全不同的概念。力矩是矢量,它的方向和它的大小都是关键属性,功是标量,它表示能量传递的大小。区别矢量和标量不能看单位,要看它们的属性中,方向是不是必要的。

2.4.2　力偶

作用于同一刚体上的一对大小相等、方向相反但不共线的一对平行力称为力偶。力偶能使物体产生纯转动效应。例如,用双手旋转丝锥,施加的力偶对丝锥不会产生横向侧压力,这样钻得的孔才能与表面垂直。再如图 2.4.1 中,双手转动方向盘时的一对 F 和 F' 形成一个力偶,记作 $M(F, F')$。力偶的两力作用线之间的距离称为力偶臂,力偶所在的平面为力偶的作用面。

图 2.4.1

由于力偶中两个力等值、反向、平行且不共线,所以力偶不能合成一个力,即不能用一个力等效替换,因此力偶也不能用一个力来平衡。力偶是一个基本的力学量,力和力偶是静力学的两个基本要素。

与平面中力对点的矩类似,在力偶作用面内,力偶使物体转动的效果只与两个因素有关:力的大小与力臂的乘积,力偶在作用面内转动的方向。因此,定义力偶矩:在力偶作用面内,力偶矩是一个标量,其绝对值等于力的大小与力偶臂的乘积,其转动方向用正负号确定,力偶使物体逆时针转向为正,反之为负。

力偶对其作用面内任一点之矩恒等于力偶矩,且与矩心位置无关。只要保持力偶矩不变,力偶可以在其作用面内任意转移,且可以同时改变力偶中力的大小和力偶臂的长度,对刚体的作用效果不变。

如果一个平面内有多个力偶作用,则形成一平面力偶系。由于力偶可以在作用面内任意移动和转动,在同一平面内的任意多个力偶可以合成为一个合力偶,合力偶矩等于各个力偶矩的代数和。

在空间中,力偶的作用效果还与作用面有关,需要通过力偶矩矢来表示力偶。力偶矩矢垂直于力偶的作用面,方向遵从右手螺旋法则。

同样地,力偶对空间任一点的力矩矢与矩心位置无关,都等于力偶矩矢。力偶矩矢无须确定矢量的初始端位置,只要其大小、方向不变,无论是滑移还是平移都不改变其作用效果,它是一个自由矢量。

任意多个空间分布的力偶可以合成为一个合力偶,合力偶矩矢等于各分力偶矩矢的矢量和。

力偶矩的单位和力矩一样,国际单位制中用牛顿·米(N·m)表示。

2.4.3　力系的简化

力的平移定理:可以把作用在刚体上的力平行移动到刚体内任一点,但必须同时附加一个力偶,这个附加力偶的矩等于原来的力对新作用点的矩。

如图2.4.2所示,力 F 作用于刚体上的 A 点,在刚体上任取一点 B,在 B 点上加一对平衡力 F' 和 F'',它们与 F 平行,且 $F=F'=F''$。根据加减平衡力系原理(公理3),这三个力与原来的一个力是等效的。这三个力可以看作是作用在 B 点的力 F' 和一个力偶 $M(F,F'')$。

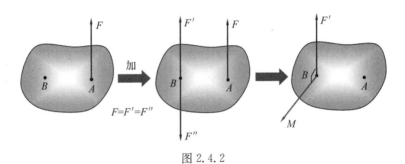

图2.4.2

对于较复杂的力系,可以基于力的平移定理进行简化。设刚体上作用了 n 个力,$F_1,F_2,\cdots,F_n$,形成一个空间任意力系。可以任取一点作为简化中心,依次将作用于刚体上的力向简化中心平移,同时附加一个相应的力偶。这样一来,原来的空间任意力系就可以被一个空间汇交力系和一个空间力偶系这两个简单力系等效替换。

作用于简化中心的空间汇交力系形成的合力称为原力系的主矢,空间力偶系合成的合力偶称为原力系的主矩。显然,主矢的大小和方向与简化中心的选取无关,而主矩一般与简化中心有关。

2.5　摩擦

纵观人类历史,钻木取火,用硬木棒对着木头摩擦或钻进去,即利用摩擦生热来取火,应该算是对摩擦的第一个成熟应用吧。大约在五千年前,人类发明了轮子,滚动摩擦代替滑动摩擦,人类文明向前迈了一大步。

但是人类真正开始科学地研究摩擦问题,实际上是从15世纪达·芬奇(Leonardo da Vinci)开始的。他发现摩擦力 F 与载荷 N 成正比,他在当时的实验条件下得出了不精确的结论,他在手稿中提出摩擦力大概是自重的四分之一。

17 世纪,法国物理学家阿蒙顿在法国科学院作了一个报告,认为摩擦力只与载荷有关,与接触面积没关系,当时在科学界引起了非常大的震动。一般都认为面积越大,摩擦力肯定越大,为什么摩擦跟接触面积没关系,却跟正压力有关系呢? 他认为,摩擦是由表面的凹凸不平造成的。

1781 年,库仑在研究总结了达·芬奇和阿蒙顿的实验和理论之后,又进一步做了大量的实验,提出了他的摩擦理论。他认为,摩擦是由凹凸不平的表面嵌在一块儿造成的,并且给出了摩擦学的古典四大定律:摩擦跟正压力有关系;摩擦与接触面积没关系;最大的静摩擦力会大于动摩擦力;摩擦力大小与速度没关系。这就是理论力学摩擦理论的基础。

摩擦在我们的日常生活和生产实践中应用颇多,我们一起去看看吧。

2.5.1　你会系鞋带吗?

"你会系鞋带吗?"别以为我是在跟你开玩笑。生活中时常碰到这种情况:明明是绑紧了的鞋带,还没走几步就散开了。鞋带结为什么会自己散开呢? 背后有没有科学原理呢?

美国加州大学伯克利分校机械工程师奥利弗·欧莱利(Oliver O'Reilly)也碰到了同样的问题,于是和两名同事一起展开了研究。结果出乎意料,在行走时,鞋带所受的冲击和加速度总计达到了惊人的 7g,大约相当于阿波罗号宇宙飞船重返地球大气层时所受的重力加速度。

进一步的实验表明,简单的上下跺脚不足以让鞋带结散开,来回摆动也不能。真正让鞋带结散开的是两种力的交错作用:反复的冲击让结变松,方向的改变拉开鞋带。谜团解开了,其结果发表在《皇家学会报告 A》(*Proceedings of the Royal Society A*)中,Nature 网站也对这项研究进行了报道。

那么,怎样才能把鞋带结系得更牢固呢? 绳结一向是数学家进行抽象研究的对象,但是在真实的世界里模拟它们的物理性质,却非常困难。打结后的绳子扭曲和转向十分复杂,其中有许多力在互相作用。

2008 年,巴黎索邦大学的数学家巴西尔·奥多利就自认为找到了这个问题的答案,他给出的模型能较好地描述只有一两个转向的简单绳结。但在把模型扩展到超过两个转向的复杂绳结上时,麻省理工学院的科研团队却有意外的发现。

或许你以为,绳结每增加一个转向,收紧绳结所需要的力只需要增加一点点就行了。换句话说,绳结的转向数目和强度之间是线性关系。但是麻省理工学院的科研团队却发现,这个线性关系并不成立,如果已经有了 1 个转向,想加 1 个,用来收紧绳结的力量就要增加 4 到 8 倍,也就是原来的二次方甚至三次方。

为什么会这样? 关键因素就是摩擦力。在只有一两个转向的简单绳结里,最主要的变量是材料的强度,这时的摩擦力还太小。然而,当转向数目增加到 3 个或以上时,绳子表面互相纠缠的区域就会增加,并产生很大的摩擦力(图 2.5.1)。

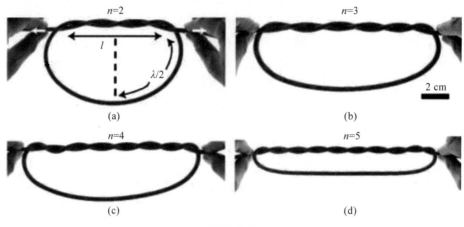

图 2.5.1

时至今日,如何让一个结能经受住冲击而不松开,仍然是科学界悬而未决的问题,摩擦在其中扮演的角色到底有多重要,期待科学家们进一步的研究成果。

2.5.2 滑动摩擦不自锁问题

摩擦是普遍存在的,与人们的衣、食、住、行、娱乐等均有关,正确地应用摩擦规律,可以将产品(工业产品、生活用品等)设计得更加巧妙、新颖、科学、合理,并降低摩擦的耗能和零件的磨损。

理论力学教材中已介绍了两种基本摩擦(滑动摩擦和滚动摩擦),这里从简,仅介绍演示实例。

1.滑动摩擦

从理论力学教材中给出的静滑动摩擦因数可见:静滑动摩擦因数 f_s 恒为正值,数值一般小于 1(现在已有不少新材料 $f_s > 1$,如 C10 水泥块与无纺布的防渗膜之间)。

又从静滑动摩擦因数 $f_s = \tan\varphi_f$ 可知,摩擦角 φ_f 一般小于 45°。

如图 2.5.2 所示,它由两个 45° 的螺旋面组成既互相贴合又可以旋转滑动的自动关门摇皮铰链,它类似于一个尼龙块置于另一个有 45° 倾角的尼龙块斜面上,自身无法实现静平衡(即滑块要从斜面上滑下来),也就是说会自动旋转实现关门功能。这种摇皮铰链(目前市场上已有许多用不锈钢的制品)无声、不生锈、价廉、深受用户欢迎。

视频 2-7
自动关门摇皮

图 2.5.2

2.滚动摩擦

理论力学教材中曾经分析过,推动一圆轮沿平面滚动,远比使此轮沿平面滑动(不滚)省力,如图 2.5.3 所示,$F_{T2}\ll F_{T1}$,所以许多转动件用滚珠轴承替代滑动轴承。

目前在许多家具的抽屉两边导轨上,会装上两个滚轮以用滚动摩擦替代滑动摩擦,使用时拉开、关闭均十分轻便。现在也有一种创新的油气弹簧,如图 2.5.4 所示,把它装在抽屉内,人们拉开抽屉取物后,它会自动慢慢地把抽屉推回去,且声响极小。

视频 2-8
有滚轮抽斗

视频 2-9
咖啡机自动关门

视频 2-10
过阻尼自动关门器

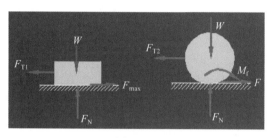 

图 2.5.3　　　　　图 2.5.4

2.5.3　压延机的摩擦因数问题

压延机、橡胶开炼机、轧面条机、剥毛豆机等都有两个压延轮,设它们的转动轧滚轮的直径为 d,轮滚间的空隙为 a,工作时两轮反向转动,如图 2.5.5(a)所示。已知压延材料与压延轮之间的静摩擦因数为 f_s,求可压延厚度与摩擦因数间的关系。

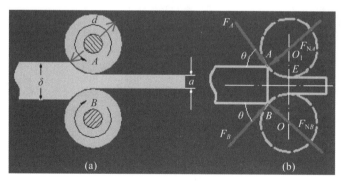

图 2.5.5

必须使 F_{NA} 与 F_A 及 F_{NB} 与 F_B 这四个力的合力水平向右才能实现压延物向右运动,即

$$F_A\cos\theta - F_{NA}\sin\theta \geqslant 0$$

由于 $F_{NA}\neq 0$,

$$f_s\cos\theta - \sin\theta \geqslant 0 \text{ 或 } \tan\theta \leqslant f_s$$

视频 2-11
橡胶开炼机

从图 2.5.5(b)可知，

$$\tan\theta=\frac{AE}{O_1E}=\frac{\sqrt{\left(\frac{d}{2}\right)^2-\left[\frac{d}{2}-\frac{1}{2}(\delta-a)\right]}}{\frac{d}{2}-\frac{1}{2}(\delta-a)}=\frac{\sqrt{d^2-[d-(\delta-a)]^2}}{d-(\delta-a)}$$

式中，δ 为压延材料原始厚度，代入 a，考虑到 $\delta\ll d$ 的实际情况，得

$$\frac{2(\delta-a)}{d}\leqslant f_s^2$$

若 $d=50$cm，$a=0.5$cm，$f_s=0.1$，代入上式得可压延的最大厚度为

$$\delta_{max}=0.72\text{cm}$$

讨论：(1)钢板压延为什么要多次，即为什么不能一次将厚板压延成薄板？
(2)剥毛豆机的两个压延轮为什么要做成密纹齿？

2.6　综合应用实例

2.6.1　千斤顶受力分析与自锁条件

1. 受力分析

图 2.6.1 中，上部两根支撑杆可简化为两根二力杆件。顶点的受力图如图 2.6.2 所示，这是一个平面汇交力系，已知重力 G，可求出各杆压力 F_1 及 F_2。

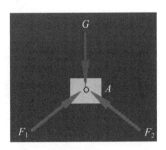

图 2.6.1　　　　　　　　　　　　图 2.6.2

2. 虚功原理（又称虚位移原理）

利用动力学的概念、定义，导出的虚功原理适合于解决复杂机构的静力学问题，这里以图 2.6.3 所示千斤顶模型为例进行演算。

已知千斤顶的受压重量 G，求手柄摇动力偶矩 M（图 2.6.3）。应用虚位移原理

$$\delta W=G\delta r-M\delta\varphi$$

若不计摩擦，有 $\delta W=0$，则

$$M=G\frac{\delta r}{\delta\varphi}$$

δr 和 $\delta \varphi$ 间的关系与千斤顶的螺距有关,因此,由上式可知,千斤顶的螺距是千斤顶是否省力的重要参数。

若 $\delta r = 1.6$ mm,$\delta \varphi = 0.4\pi$,$G = 10000$N,则升起重 G 的力偶矩 M 为

$$M \approx 13000 \text{N} \cdot \text{mm} = 13 \text{N} \cdot \text{m}$$

若转动的摇手柄长 $d = 100$mm,则摇手柄所需作用力为 $F = \dfrac{M}{d} = 130$N。

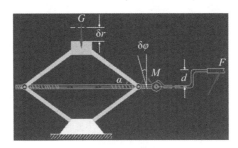

图 2.6.3

3. 自锁条件

千斤顶应设计成自锁的,即摇手柄不反向摇动,千斤顶在重力 G 作用下不会自动下降,这就对螺纹升角有个要求,螺母的自锁条件就是螺纹(图 2.6.4)的自锁条件。螺母相当于斜面上的滑块 A,要使螺纹自锁,必须使螺纹升角 α 小于摩擦角 φ_f。因此,螺纹自锁条件的数学表达式为

$$\alpha \leqslant \varphi_f$$

自锁条件的应用很多,图 2.6.5 为多种帐篷上的耐水树脂布,它的拉紧装置也设计成能自锁的机构,这样,帐篷顶上的布拉紧后不易松开。

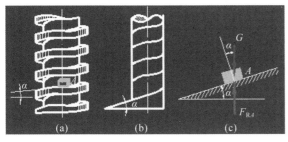

图 2.6.4

图 2.6.5

2.6.2　膨胀螺钉的应用技术与约束反力分析

膨胀螺钉种类很多,应用极广,如空调器、热水器、电灯开关、壁灯、吊扇等安装均需用到它。

图 2.6.6 所示的几种不同规格的膨胀螺钉,在安装和装修工程中应用甚为方便而且牢固可靠,因而深受人们喜爱。应用膨胀螺钉可使结构物、杆件等与

墙体牢固结合，且必要时仍可以拆卸，其使用原理分析如下。

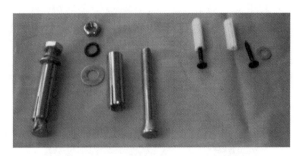

图 2.6.6

1. 膨胀螺钉的约束反力分析

目前理论力学教材中，约束的类型有柔软的绳索、光滑接触面、光滑的圆柱铰链、光滑的球形铰链、滚轴铰链支座、双铰链刚杆连接（简称二力杆件）等。膨胀螺钉也是一种约束，约束特征属固定端形式，它的约束反作用力应该是空间 3 个分力和空间 3 个分力偶矩，如图 2.6.7 所示，它可以将物体固结于砖块或水泥墙体上。

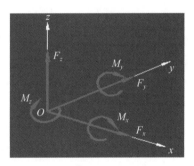

图 2.6.7

2. 应用实例

图 2.6.8 为某宾馆门厅外部屋沿盖，两块钢板分别在左、右两边用膨胀螺钉固结在墙上，同时每块钢板被两根二力杆件拉住。可对一块钢板螺钉的约束反力做近似分析，如图 2.6.9 所示。螺钉所受的 3 个约束反力 F_x、F_y、F_z 与二力杆拉力 F_1、F_2 构成一空间汇交力系。

图 2.6.8

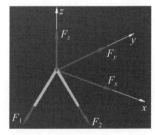

图 2.6.9

3.膨胀螺钉能固结在墙中的机理

应用螺母(或螺丝固紧)的尖劈效应使套圈(或塑料管)张开,图 2.6.10 中 F_N 为套圈对尖劈的压力,其反作用力 F_N' 为张开力,也即套圈与墙体间的正压力,F_N' 乘以静滑动摩擦因数,可得静摩擦力 F_{max}。随着套圈张开值的增加,此力可以达到很大值,因而膨胀螺钉就可以十分牢固地固结在墙内。

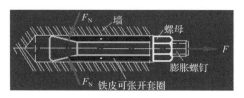

图 2.6.10

图 2.6.11 为另一种形式的膨胀螺钉,安装工艺是先用冲击电钻在墙上钻一个孔,插入此膨胀螺钉后,对外伸端用榔头重敲一下,使芯棒左边的尖劈向左快进,芯棒外的套筒端部张开,它与外壁压紧,产生很大的压力。

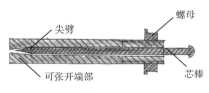

图 2.6.11

2.6.3　螺旋压榨机或螺旋拔销爪

图 2.6.12 为螺旋拔销爪,图 2.6.13 为新型用杠杆扳动的液压拔销爪,图 2.6.14 为螺旋压榨机。在压榨机手柄上加一转动力偶矩 M,压榨机上受到一反作用力 F(图 2.6.14)。压榨机手柄上的转动虚位移为 $\delta\varphi$,而压榨机螺杆的移动虚位移 δh 为

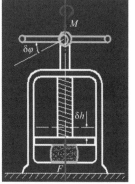

视频 2-17
拔销爪操作

图 2.6.12　　　　图 2.6.13　　　　图 2.6.14

$$\delta h = \frac{Z}{2\pi}\delta\varphi$$

式中，Z 为螺距，它等于 $2\pi r\tan\alpha$（其中 r 为螺旋半径，α 为螺纹的升角）。从虚位移原理

$$M\delta\varphi = F\delta h$$

得

$$M = \frac{Z}{2\pi}F = Fr\tan\alpha$$

或

$$F = \frac{1}{r\tan\alpha}M$$

讨论：怎样的参数 (r,α) 能使拔销更容易？

2.6.4 气弹簧与随意平衡

1. 气弹簧

气弹簧是一种液压、气动阀协同作用的调节元件，外形如图 2.6.15 所示，是阀门内置式活塞。它通过外部释放阀触动按钮使二力杆件内阀门产生运动。当阀门关闭时，气弹簧即停止运动，此二力杆是可控的、变长度的，它的长短决定了系统被锁定的位置（图 2.6.16）。内部的压力介质决定了气弹簧是弹性锁定还是刚性锁定。

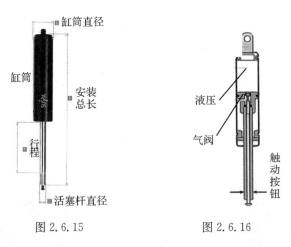

图 2.6.15   图 2.6.16

延展方向刚性锁定，多用在出于安全性考虑，锁定后不需要位移缓冲的场合。

气弹簧弹性锁定，用于锁定的同时需要有缓冲效果的场合，能够减轻甚至避免由突然的冲击或振动引起的损坏或破坏。

有些场合用了弹性气弹簧，机构在启动时，它起到助推作用；运动到终止位置时，它起阻碍作用，从而减振、抗冲、降噪。

2."随意平衡"的概念

在力学学科中已有多处叙述平衡（静平衡、动平衡、稳定平衡、不稳定平衡、随遇平衡……）的定义和严格的概念，但是至今还未提及"随意平衡"。德国SUSPA（南京）公司研制的可锁式气弹簧（外形见图 2.6.15），用于替代"二力杆"，使得多种气动升降系统和角度调节系统可以在随意位置停住保持平衡，这样的产品日益增多。人们把这种可以在随意位置停住保持平衡的状态，称为随意平衡。

在日常生活、工作的各个角落，从厨房、起居室到办公室，如缓冲开关柜门、舒适调节餐桌、办公桌或操作台面都可以见到气弹簧的应用。锁式气弹簧还可用于公共汽车、飞机、休闲健身器械以及医疗行业手术床和康复病理的护理床等。使用气弹簧这种调节元件，可实现多个位置的随意平衡。

视频 2-18
随意平衡应用实例

2.6.5　机床上工件的夹紧机构

机床加工时，需要快速、牢靠地夹住和固结工件，工件加工好了以后需要尽快将其松开以便取下。应用液压传动施力再结合夹具可以实现上述功能。

1.曲柄滑块式夹具

图 2.6.17 为三种形式的曲柄滑块机构的夹具模型。

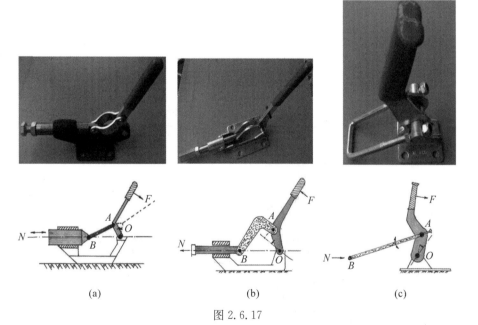

(a)　　　　　　　(b)　　　　　　　(c)

图 2.6.17

视频 2-19
曲柄滑块机构模型

2.四连杆机构式夹具

图 2.6.18 为三种形式的四连杆机构的夹具模型。

视频 2-20
四连杆机构模型

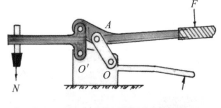

(a)

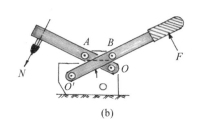
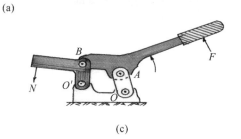

(b)   (c)

图 2.6.18

2.6.6　平衡力系实例

力学的静平衡实例,在我们生活中很常见。

1.长廊吊灯的吊杆拉力计算

图 2.6.19 是某机场长廊上的吊灯,吊灯用四根二力杆件倾斜悬吊,在空间上构成一个静不定的空间汇交力系。利用轴对称性质,可以将其简化为图 2.6.20的平面汇交力系。确定吊灯重量,就可以计算上述两根吊杆的拉力 F_{OA} 和 F_{OB}。

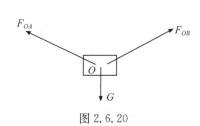

图 2.6.19   图 2.6.20

2.屋顶结构受力计算

图 2.6.21(a)所示是某科技园大厅前的膜结构屋顶。从图 2.6.21(a)可知,

它是空间汇交力系[图 2.6.21(b)]的对称组合。

(a)

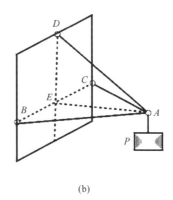
(b)

图 2.6.21

图 2.6.22(a)是一个休闲亭的结构,是一个组合的空间汇交力系,每根杆的受力均可计算并可进行截面尺寸设计。

(a)

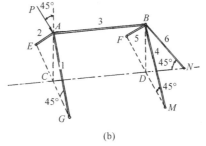
(b)

图 2.6.22

3. 恒张力拉紧电缆的装置

现在铁路交通多数都用电力拖动,架空电缆采用恒张力拉紧,图 2.6.23 中的水泥块每块重十公斤,将十块水泥块挂吊在上面,对滑轮进行受力分析,在不计摩擦时,输电线的受力不受车辆行驶的影响,缆索恒所受拉力约为 2000N。

4. 高铁输电线架的各个平衡力系

图 2.6.24(a)为高铁输电线架,其中一个吊线架如图 2.6.24(b)所示,可以把它分解为平面汇交力系[图 2.6.24(c)]、平面一般力系[图 2.6.24(d)]和类似三铰结构[图 2.6.24(e)]。可列出方程式,由已知力求出各未知力。

图 2.6.23

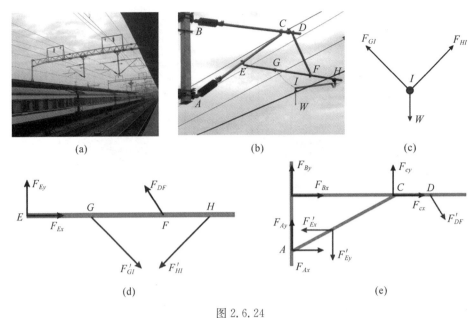

图 2.6.24

5. 两端铰链的横梁及其他桁架结构

视频 2-21
平衡力系实例

图 2.6.25 为某机场候机大厅的横梁，两端用铰链连接。图 2.6.26 为一停车棚屋架，采用桁架结构。2010 年上海的世博会上有许多静力学相关问题，见视频 2-21。

图 2.6.25

图 2.6.26

2.6.7 齿轮传动变速箱的离合器

对于燃油车，变速箱是十分重要的机构。变速箱可以用来改变来自发动机的转速和扭矩，通过换挡的方式能够更好地控制发动机转速，使发动机尽量工作在有利的工况下，从而提高燃油效率。有级式变速箱是使用最广的一种，它采用齿轮传动。

齿轮传动是指由齿轮副传递运动和动力的装置，它是现代各种设备中应用最广泛的一种机械传动方式。齿轮啮合面刚度较高,能传递较大的扭矩,而且传动精度高。现代常用的渐开线齿轮的传动比,在理论上是准确的、恒定不变的。同时,其传动效率也很高,一般可以达到 0.94~0.99。

在齿轮传动的变速箱里,少不了另外一个部件——离合器。一般的离合器结构如图 2.6.27 所示,其工作原理如图 2.6.28 所示。

离合器是汽车传动系统中直接和发动机相连接的部件,顾名思义,离合器可以控制发动机和汽车传动系统的"离"与"合",即可实现切断或传递汽车发动机动力。"合"的时候,能使发动机和变速箱接合,为汽车行驶传递动力;"离"的时候,发动机和变速箱的连接被脱开,此时虽然发动机还在运转,但无法把动力传给车轮。

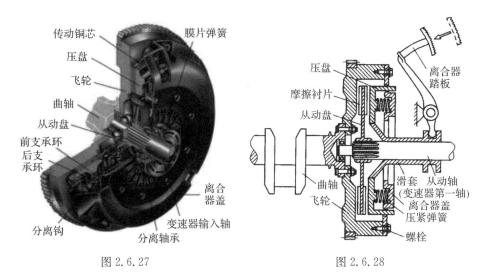

图 2.6.27　　　　　　　　　图 2.6.28

除了上面提到的踩下离合器的不联动、不踩下(完全松开)离合器的全联动两种工作状态,离合器还有一种更重要的工作状态——半联动。

当驾驶员踩下离合器踏板而未完全松开时,就会处于半联动状态。此时,离合器片与飞轮之间存在轻微的相对滑动,使用滑动摩擦传递载荷,发动机输出的动力仅部分传给变速箱,使发动机与驱动轮之间处于一种软连接状态,可以提供一种柔性的动力。控制半联动工作状态时离合器踏板的深度,可以改变摩擦片之间的正压力,从而改变滑动摩擦力的大小,进而实现对动力的调节。在手动挡汽车中,半联动是一种常用的驾驶技巧,特别是在起步、转弯、短距离跟车等情况下。

离合器的半联动工作状态,正是利用了"摩擦接合是非刚性的"这一特点,对车辆的发动机、变速箱等起到了很好的保护作用。

如今,自动挡汽车越来越普及,很多新手司机习惯了自动挡的"智能",并不会手动操作离合器,甚至有一部分司机认为自动挡汽车并不需要离合器。其实,自动挡汽车只是没有单独外接离合器踏板,而由电脑控制离合器,有些自动挡汽车的离合器甚至比手动挡汽车多。

2.6.8　无级变速箱

1987 年,日本斯巴鲁把装备 CVT(Continuously Variable Transmission)变速器的汽车投放市场并获得成功,此后福特和菲亚特也将 VDT-CVT 装备于排量为 1.1L 到 1.6L 的轿车上。随着技术的发展,以及全球性的节约能源和保护环境意识的提高,在总结第一代的 CVT 经验的基础上,人们开发出了性能更佳、转矩容量更大的 CVT。

CVT 技术即无级变速技术,其实这个概念最早是 500 多年前的达·芬奇提出的,1886 年申请第一台环形 CVT 专利后,这项技术就已经得到了细化及改进。它采用传动带和工作直径可变的主、从动轮相配合的方式传递动力,可以实现传动比的连续改变,从而达到传动系与发动机工况最佳匹配。一般 CVT 的结构如图 2.6.29 所示,其工作原理如图 2.6.30 所示。

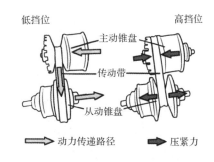

图 2.6.29　　　　　　　　　　　　　图 2.6.30

与手动、自动、双离合等形式的齿轮传动变速箱不同,CVT 采用传动带和可变槽宽的棘轮进行动力传递,即改变棘轮槽宽时,相应改变驱动轮与从动轮上传动带的接触半径进行变速。传动带一般用橡胶带、金属带或金属链等。

CVT 没有明确具体的挡位,操作上类似于自动变速箱,但是速比的变化不同于自动变速箱的换挡过程,速比是连续变化的,因此动力传输持续而顺畅。只要电脑控制得好,能与发动机的最佳扭矩转速释放区间搭配好,就会有极高的驱动效率与燃油经济性。

CVT 技术真正应用在汽车上只有几十年的时间,但它与传统的手动和自动变速器相比,优势是显而易见的:结构简单,体积小,零件少,生产成本低;工作速比范围宽,容易与发动机形成理想的匹配,从而改善燃烧过程,进而降低油耗和排放;具有较高的传送效率,功率损失小,经济性高。目前,CVT 技术发展相当迅速,各大汽车厂家都在加强这一领域的研发,尤其是在混合动力汽车上,CVT 的地位和作用更是无可替代。

当然,CVT 技术也有它的弱点,比如使用寿命短(传动带易损坏),无法承受较大的载荷等。这都跟它是通过摩擦传动分不开的,传动带和棘轮的接触面积比较小,又是时刻变化的,与刚性连接相差甚远。虽然可以通过锥轮压紧来提升张力,增加摩擦力,但这仍然无法治本。

第 3 章

运动学

静力学研究了作用在物体上的力系平衡的充要条件。如果在平衡力系的作用下，物体处于静止状态，当力系不平衡时，物体的运动状态将发生改变。

物体在力的作用下的运动规律是很复杂的，除了与受力情况有关外，也与物体自身的惯性和原来的运动状态有关。

运动学是研究物体运动的几何性质的科学。我们先不考虑影响物体运动的因素，而单独研究物体的运动轨迹、速度、加速度等几何性质之间的关系。找出具有一般性的规律，为分析复杂机构的运动状态做准备。

至于物体的运动状态变化与作用力的关系，将在动力学中进行研究。因此，运动学又是动力学的基础。

3.1　刚体的简单运动

刚体的一般运动可看成随某基点的平行移动与绕此基点的定轴转动的合成。因此，先研究刚体的两种简单运动——平移和定轴转动，它们是研究复杂运动的基础。

3.1.1　刚体的平行移动

刚体内任一直线段在运动过程中始终与它的最初位置平行，这种运动称为刚体的平行移动，简称平移。

刚体平移时，其运动的轨迹不一定是直线，也可能是曲线。同样地，刚体上各点的轨迹也不一定是直线，但各点运动轨迹的形状是完全相同的，且相互平行。

刚体运动的某一瞬时，其上各点的速度相同，加速度也相同。因此，研究刚体的平移，只要研究刚体内任一点的运动就行了。

3.1.2　刚体绕定轴转动

运动过程中，刚体(或其扩展部分)上有两点保持不动，则这种运动称为刚体绕定轴转动，简称刚体的转动。由固定不动的两点确定的一条直线即为转轴。

此时，刚体上各点都绕转轴做圆周运动，只需要一个变量——转角，就可以确定刚体的位置。因此，绕定轴转动的刚体只有一个自由度(力学系统独立坐标的个数)。

转角对时间的一阶导数,称为刚体的角速度。角速度对时间的一阶导数,称为刚体的角加速度。转角、角速度、角加速度均为标量。

刚体绕定轴转动的运动特性也很容易理解。跟圆周运动分不开,刚体内任意一点:速度的大小等于角速度与该点到轴线垂直距离的乘积,方向沿圆周的切线指向转动的方向;切向加速度的大小等于角加速度与该点到轴线垂直距离的乘积,方向由角加速度的符号决定;法向加速度的大小等于刚体角速度的平方与该点到轴线垂直距离的乘积,方向与速度垂直并指向轴线。

运动中的某一时刻,角速度和角加速度都是确定值,因此,刚体内所有点的速度和加速度大小都与其到轴线的垂直距离成正比;各点的加速度(切向与法向加速度合成后)的方向与半径的夹角都相同。

3.1.3　轮系的传动比

工程中常常需要提高或降低旋转机械的转速,利用轮系是十分方便的。

最简单的轮系传动是单级,即通过两个轮子的一组啮合面来传动。其分为外啮合(图 3.1.1)和内啮合(图 3.1.2)两种形式。

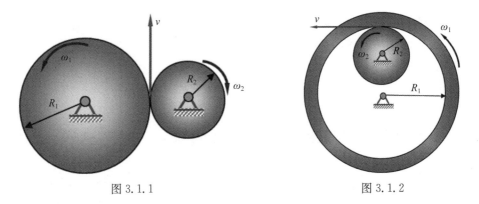

图 3.1.1　　　　　　　　　　　　　　　图 3.1.2

如果两轮啮合处无相对滑动,则两轮上位于啮合处的点速度大小和方向都相同。根据刚体转动的运动特性,刚体内所有点的速度大小都与其到轴线的垂直距离成正比,啮合的两轮的角速度就是与啮合处半径成反比的。因此,传动比即为从动轮半径与主动轮半径之比。

需要注意的是,外啮合情况下两轮旋转的方向是相反的,而内啮合情况下两轮旋转方向则是相同的。

轮系传动可以扩展到多级,例如图 3.1.3 为多级外啮合轮系的示意图,图中Ⅱ和Ⅲ两轮共轴。对于多级轮系,传动比为从动轮半径乘积与主动轮半径乘积之比,方向则要根据外啮合面的数量来确定,外啮合面为奇数对则转向相反,外啮合面为偶数对则转向相同。

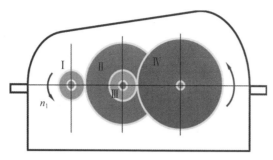

图 3.1.3

以上轮系传动的基本原理,应用到工程中,最常见的是齿轮传动和皮带传动,分别如图 3.1.4 和图 3.1.5 所示。

图 3.1.4

图 3.1.5

齿轮传动啮合面刚度较高,传动比稳定,传动精度高。由于齿轮的齿数与半径成正比,计算传动比时也可用齿数代替半径进行计算。

皮带传动则通过皮带与轮子接触面的摩擦来传动,易发生打滑的现象。同时,由于皮带具有弹性,可以缓和冲击和振动,可以使传动更平稳。换句话说,也就是皮带传动的精度并不高。

3.1.4 剃须刀刀片的运动分析

剃须的机理是一个力学的剪切过程,对象是胡须,刀具是动刀片和带细孔的外刃。

1. 旋转式电动剃须刀

图 3.1.6 为简单的旋转式电动剃须刀,它的头部(图 3.1.7)装有 3 个利刃刀片,在电机的带动下旋转,动刀片上各点切削速度与旋转半径成正比:

$$v_i = r_i \omega = r_i \frac{n\pi}{30}$$

式中,n 为电剃须刀的电机转速(一般为 5000~7000r/min),r_i 为旋转头部剃须刀上任一点到转动中心的距离,相当于剃须半径。设可剃须的最小剪切速度为 v_{min},则从上式可得最小剃须半径为

图 3.1.6

$$r_1 = \frac{v_{min} \times 30}{n\pi}$$

由此可知,图 3.1.7 中从 r_1 到 r_2 的环形区域为可剃须区,且愈往外剃须效果愈好(即切削速度高),中心部位即 $r \leqslant r_1$ 的圆形区域内为不可剃须区。

人们往往认为剃须刀网罩上任何位置均能剃须,且习惯将中间部位与有胡须的脸部接触,这样胡须就会集中在不可剃须区域,影响剃须效果,甚至出现夹住胡须、停机等现象。

正是基于这种考虑,设计者们开发了两个带刀旋转头和三个带刀旋转头的剃须刀,如图 3.1.8 所示。这两种多头剃须刀的可剃须面积是单旋转头的 2 倍和 3 倍,且在剃须刀的外网盖中间部位剃须效果最佳,因为在此处的相对切削速度最大,并在不可剃须区的外网罩上不开孔,这样可保证胡须不会进入不可剃须区,避免发生夹住胡须现象,这也迎合了人们的操作习惯。

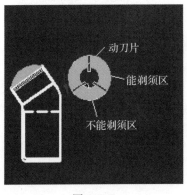

图 3.1.7

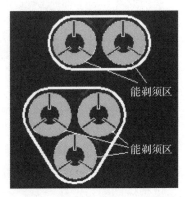

图 3.1.8

2. 往复振动式剃须刀

驱动部分应用曲柄框架机构,它能实现剃须刀具(框架)的往复运动,并借助螺旋弹簧将框架连同动刀片与外刃网贴紧,实现无间隙的剪切动作,保证剃须干净和安全(图 3.1.9)。

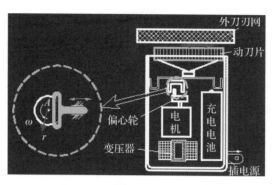

图 3.1.9

这种往复式运动机构的动刀片上任一点的运动规律为

$$x = r\sin\omega t$$

式中,x 为任一点的位移,r 为曲柄长度,ω 为电机转动角速度,$\omega = n\pi/30$,n 为电机转速(一般为 $7000 \sim 12000 \text{r/min}$)。

对位移求导数可以推导出动刀片上任一点的速度为

$$v = r\omega\cos\omega t$$

再对速度求导数得加速度为

$$a = \ddot{x} = -r\omega^2\sin\omega t$$

因框架(连同动刀片)做平动,故动刀片上各点在同一瞬时的速度都是相等的,也就是说,往复式剃须刀上任一点剪切胡须的效果是相同的。所以这种剃须刀不存在不可剃须区,因此从这一点来说,它比旋转式剃须刀好,但是噪声要比旋转式的大,耗电也多,因为它多了一个运动的转换。

3. 往复式剃须刀外壳振动的控制方法

1) 曲柄上加装偏心块方法(图 3.1.10)

此偏心块的质量与动刀片支架的质量相等,偏心距 e 与曲柄长 r 也相等,这样动刀片振动时,整个剃须刀的质心在横向位置几乎没有变化,满足质心不运动准则,所以剃须刀外壳几乎是不振动的,手感更好。

2) 采用两排动刀片方法

图 3.1.11 为一种高级往复式剃须刀,设计上采用两排动刀片,工作时振动方向一排往右,一排往左,整个动刀架系统的质心位置始终不变,所以它的外壳也就不会振动,手感舒适。

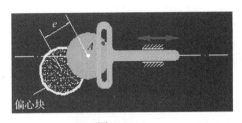

图 3.1.10

图 3.1.11

3.1.5　用带刺尼龙丝作刀具的高速转动割草机

图 3.1.12 为新型电动割草机,它的特点是能做定轴转动,割草的刀片是带刺尼龙丝而不是金属刀片。当然,若用金属刀片做成像电风扇风叶一样的结构,也可以割草,但若在草丛中碰到硬物(如小石块)刀片就十分容易损坏。

图 3.1.13 的割草刀是一根旋转的尼龙丝(带刺,直径为 2mm),有如下问题需作探讨:

(1)旋转轮转速至少多大? 尼龙丝每一点的线速度(即切削速度)多大才能割草?

(2)什么材料做成的绳子碰到石头不会断损(抗冲击韧性要合适)?

这些都要进行大量试验。

图 3.1.12

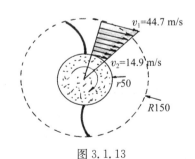

图 3.1.13

尼龙材料有尼龙 6、尼龙 66 等,在加了一定的添加剂之后,有很大的抗冲击韧性,选择在 $v=50\text{m/s}$ 冲击下经过多次实验不会断的材料(此时电机转速 $n=2850\text{r/min}$)。这种割草机的优点是:功率小(省电),噪声低(环保),寿命长(经济)。

刚体作定轴转动时,刚体上不同的点有不同的线速度,从图 3.1.13 所示的速度分布可知,速度与此点到转动中心的距离成正比,与角速度成正比。多数情况下切割效果与碰撞速度是同步提高的,所以需要知道实现切割时的最小速度,又需知道实现切割功能的尼龙绳能承受的最大冲击速度是多少。这样,才能保证割草机的正常使用。这两方面的数据是产品设计的重要参数。

3.1.6 自动旋转螺丝刀的行星齿轮

刚体合成运动有多种,行星齿轮的运动是绕平行轴转动的合成。

行星齿轮传动的特点是速比高、尺寸小。可将这种传动应用在电动螺丝刀上,如图 3.1.14 所示。工业生产的流水线上,电动螺丝刀每个零部件安装人员都有一把,使用十分方便。

图 3.1.14

图 3.1.15 为一电动螺丝刀的减速齿轮箱,轴 II 装在 H 杆上,此杆带着三个短轴,轴间夹角成 $120°$,短轴的两端分别装着半径为 r_2 和 r_3 的齿轮,它们和机架上的内齿轮啮合,内齿轮半径 $r_4 = r_1 + r_2 + r_3$(当 $r_2 = r_3$ 时,$r_4 = r_1 + 2r_2$);轴 I 装在 J 杆上,右端装着半径为 r_1 的齿轮,应用理论力学刚体合成运动公式可以计算出轴 II 和轴 I 的转速比 i。

电动螺丝刀工具从运动学角度分析,其各齿轮有各自的角速度,总体输出与输入快慢之比为速比 i,但要成为一个经久耐用的产品还必须从力学强度、润滑、噪声等多方面进行考虑,图 3.1.14 的形式就是综合考虑各种因素后设计成的模式。

图 3.1.16 为牙科医师用的磨头或钻孔头,由于人的口腔尺寸小,而磨牙要求工具表面具有很大的线速度,可采用行星齿轮传动,使磨头转速高达每分钟 2 万转或以上。

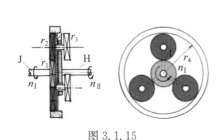

图 3.1.15

图 3.1.16

视频 3-4
牙科医生用磨轮

3.2 点的合成运动

车轮相对于汽车只能发生转动,但是汽车行驶起来之后,车轮会跟着汽车一起运动,轮子上的点就在做一种复合运动,可以通过不同参考系的运动进行合成。

3.2.1 名词解释

研究一个物体的运动,必须选取另一物体作为参考,这个参考的物体称为参考体。所选的参考体不同,物体相对于参考体的运动也是不同的。与参考体相连的坐标系称为参考系。

一般工程问题中,都选取与地面相连的坐标系为参考系,称为定参考系,简称定系。固连在其他相对于地面处于运动状态的参考体上的坐标系称为动参考系,简称动系。

两个参考系和一个动点之间存在三种运动:动点相对于定参考系的运动,称为绝对运动;动点相对于动参考系的运动,称为相对运动;动参考系相对于定参考系的运动,称为牵连运动。需要注意的是,动点的绝对运动和相对运动指的都是点的运动,而牵连运动则是参考体的运动,实际上是刚体的运动。

动点在绝对运动中的轨迹、速度和加速度,称为绝对轨迹、绝对速度和绝对加速度。动点在相对运动中的轨迹、速度和加速度,称为相对轨迹、相对速度和相对加速度。

由于动参考系的牵连运动是刚体运动,而不是点的运动,除非动参考系作平移,否则其上各点的运动都不完全相同。动参考系与动点直接相关的是动参考系上与动点重合的那一个点,称为牵连点。在动参考系上与动点重合的那一点(牵连点)相对于定坐标系的速度和加速度分别称为牵连速度和牵连加速度。由于相对运动的存在,动点在动系上的位置会发生变化,因此牵连点(在动系上)的位置也会发生变化。但是,在某一瞬时,牵连点一旦确定,其与动系是没有相对运动的。

点的合成运动就是要研究绝对运动、相对运动和牵连运动之间的关系,通过相对速度、相对加速度和牵连速度、牵连加速度来求绝对速度、绝对加速度。

3.2.2 速度、加速度的合成

如图 3.2.1 所示,取 $Oxyz$ 为定坐标系,$O'x'y'z'$ 为动坐标系,动系坐标原点 O' 在定系中的矢径为 r_σ,动点 M 在动系中的矢径为 r',则

$$r = r_\sigma + r'$$

为动点在定系中的矢径。矢径 r 的末端描绘出一条连续的曲线,称为矢端曲线。显然,矢径 r 的矢端曲线就是动点 M 的绝对轨迹。

根据点的运动学,动点的速度矢等于它的矢径 r 对时间的一阶导数,加速度矢等于该点速度矢对时间的一阶导数或矢径对时间的二阶导数。由于矢径 r' 是动坐标系中的矢量,求导时需要使用相对导数。

先来看动点 M 的绝对速度。由于矢径 r' 的起点是动系的原点,动系的坐标旋转对相对导数的结果矢量没有影响,即求导时可以将动系的三个单位矢量 i', j', k' 视为恒矢量。因此,动点在某一瞬时的绝对速度等于它在该瞬时的牵

连速度与相对速度的矢量和。不管牵连运动是何种情况,即动参考系可作平移、转动或其他任何复杂运动,上述结论都成立。

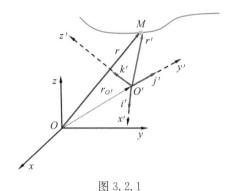

图 3.2.1

接下来分析动点 M 的绝对加速度。

牵连运动是平移时,动系的 x',y',z' 各轴方向不变,i',j',k' 为恒矢量。因此,当牵连运动为平移时,动点在某一瞬时的绝对加速度等于它在该瞬时的牵连加速度与相对加速度的矢量和。

牵连运动是转动时,动系的坐标轴方向会发生改变,三个单位矢量 i',j',k' 不再是恒矢量,牵连运动和相对运动交互耦合会形成科氏加速度。因此,当牵连运动为定轴转动时,动点在某一瞬时的绝对加速度等于它在该瞬时的牵连加速度、相对加速度与科氏加速度的矢量和。

3.2.3　科氏加速度

科氏加速度是 1832 年由法国工程师科里奥利在研究水轮机时发现的,因此命名为科里奥利加速度,简称科氏加速度。

科氏加速度的表达式为

$$a_C = 2\boldsymbol{\omega} \times \boldsymbol{v}_r$$

式中,$\boldsymbol{\omega}$ 为动系角速度向量,$\boldsymbol{v}_r$ 为相对速度矢量,科氏加速度等于两个矢量叉积的两倍。

科氏加速度的方向:牵连角速度的矢量方向平行于旋转轴,而大部分情况下相对速度都在与轴线垂直的平面内,即牵连角速度和相对速度的方向往往是垂直的,此时,只需要把相对速度的方向顺着牵连角速度的方向转 90°,就可以找到科氏加速度的方向了。

科氏加速度的大小:叉乘需要考虑两个向量的夹角,结果的大小 $a_C = 2\omega v_r \sin\theta$,式中 ω 和 v_r 分别为两个向量的大小,而 θ 则为两个向量的夹角。如果相对运动在垂直于轴线的面内,两个矢量的夹角为 90°,正弦值为 1,则科氏加速度的大小就等于 $2\omega v_r$;如果相对运动方向与轴线平行,即夹角为 0°,则科氏加速度大小为 0。

例如,图 3.2.2 中,旋转圆盘的一条直径上开槽,小球在槽内运动,圆盘旋转的角速度 ω 和小球运动速度 v_r 均为常量,问小球从位于圆心的 1 点运动到靠近边缘的 2 点的过程中,科氏加速度的大小有何变化?

答:保持不变。

再如,图 3.2.3 中,将一圆形管道固定在旋转轴上,旋转轴和管道中心位于同一平面内,小球在管道内运动,旋转的角速度 ω 和小球运动速度 v_r 均为常量,问小球在 1 点和 2 点的科氏加速度是否相同?

答:不同,1 点科氏加速度为 0,2 点的科氏加速度大小为 $2\omega v_r$,方向垂直于纸面向外。

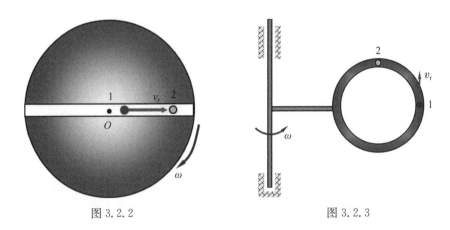

图 3.2.2   图 3.2.3

地球绕地轴转动,地球上的物体相对于地球运动,都是牵连运动为转动的合成运动,科氏加速度是普遍存在的,但由于地球自转的角速度很小,很多时候不易察觉。

为了证明地球在自转,法国物理学家傅科于 1851 年做了一次成功的摆动实验,傅科摆由此而得名。傅科摆是一个单摆,它的特点是底板有一个量角器。当单摆振动时,理论上振动面应保持不变,但由于地球的自转,地面上的观察者会发现摆的振动面在相当长的时期内不断偏转,这是因为受到了科里奥利力的影响。旋转体系中的质点要想保持相对运动是直线,必须有主动力或约束使其具有相应的科氏加速度,否则相对运动的直线就会偏移,科里奥利力来自物体运动所具有的惯性,是一种惯性力。

地理课上介绍的地球自转偏向力,就是科里奥利力在地球科学中的表述:在地球表面运动的物体,受地球自转的影响,会受到与其运动方向垂直的力,该力会改变物体的运动方向。地球自转偏向力在极地最强,向赤道方向逐渐减弱直到消失在赤道处,其原理正如图 3.2.3 的例子。

地球自转偏向力对季风环流、气旋的运移路径、洋流与河流的运动方向以及其他许多自然现象有着明显的影响,例如,北半球河流多有冲刷右岸的倾向,北半球高纬度地区河流上浮运的木材多向右岸集中等。

近年来,中国的高速铁路建设不断推进,高铁运营里程世界第一。我国位于北半球,南北距离约为 5500km,纬度范围跨越大约 50°,大部分地区位于中纬度,高速运行的列车也有科氏加速度,这就要求铁路设计的过程中充分考虑地球自转偏向力的影响。

3.2.4　可调尺寸的六角扳手

视频 3-5
扳手操作表演

图 3.2.4 为可调尺寸的六角扳手,它等效于 16 把定扳手,可扳动 10～20mm 的连续变化六角螺母(图 3.2.5)。当动手柄顺时针向定手柄转动时,平扳内有红色虚线滑槽使各个黑销钉向圆心靠拢。这时,A、B、C、D、E、F 六个滑动夹块便发生(平动运动)的绝对运动,从而夹紧六角形螺母,所以手柄的转动是牵连运动,黑销钉相对于动手柄的运动为相对运动,滑动夹块的运动为绝对运动。此时动点 G 的速度分析如图 3.2.4 右上角图所示。

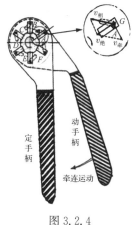

图 3.2.4

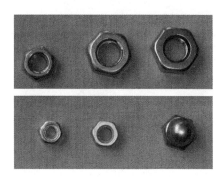

图 3.2.5

由图 3.2.6 可见,这种产品的创新点是点的合成运动在工具上的创新应用,这样一把工具就可以等价于 16 把工具,而且体积、尺寸、重量均小,给使用者带来方便。其还可以作为教具让学生分析和体会三种运动。

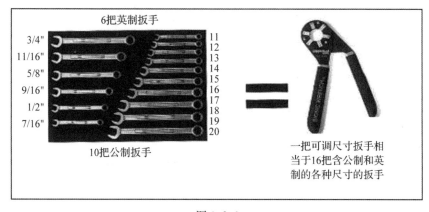

图 3.2.6

3.2.5 串接电机定子的自动绕线机

电动工具的品种很多,如图 3.2.7 所示,有电钻、电磨、切割机、曲线锯、电锤等,绝大多数电动工具中的电机均用串接形式,这种形式电机的特点是:尺寸小、功率大、转速高(20000r/min 以上)、效率高(接近于 0.48)。它的定子是由矽钢片进入自动快速冲床(每分有 200 片)冲剪叠合而成(图 3.2.8),需在定子内绕制一定圈数的漆包线,人工绕制效率低,质量不稳定,用机器绕制效率高且质量好(样品见图 3.2.9)。

视频 3-6
定子自动绕线机
及嵌线

图 3.2.7

图 3.2.8

图 3.2.9

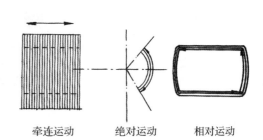

牵连运动   绝对运动   相对运动

图 3.2.10

从产品看,由人工把漆包线绕入定子需花费大量时间。应用点的合成运动,把漆包线的线头看作一个动点,将叠合的矽钢片套在动杆上作往复平动是牵连运动,动点的相对运动是漆包线外形的曲线运动,则动点的绝对运动就是一段圆弧形曲线,如图 3.2.10 所示。按照这个原理设计的自动绕线机见视频演示。

3.3 刚体的平面运动

除了前面介绍过的平移和定轴转动,刚体还有更复杂的运动形式。刚体的平面运动是工程中较常见的一种刚体运动,可以看作平移和转动的合成。

3.3.1　基点法

刚体平面运动是指刚体上任意一点与某一固定平面的距离保持不变的运动。

刚体作平面运动时,可在刚体上作一与固定平面平行的截面,则截面图形的运动能完全代表刚体的运动。因此,刚体的平面运动可以简化为平面图形在它自身平面内的运动。

在平面图形上任意画一直线段,平面图形在其平面内的位置完全可以由这一直线段的位置来确定。

在平面内确定一直线段的位置,只需要确定线段上任一点的位置(两个坐标分量)和线段与固定坐标轴的夹角即可,只有三个自由度。

结论:平面运动可取任意基点而分解为平移和转动,其中平移的速度和加速度与基点的选择有关,而平面图形绕基点转动的角速度和角加速度与基点的选择无关。

应用基点法对平面运动进行分解,实际上是以选定的基点为原点,建立了一个平移的动参考系,绕基点的转动,指的就是相对于平移的动参考系的转动。

如图 3.3.1 所示,任一时刻,无论选取的基点是 A 还是 B,平面图形绕基点的转角都是相等的,因此求导得到的角速度和角加速度也是相等的。平面图形相对于各平移参考系(也包括固定参考系,即平移速度为零的参考系),其转动运动都是一样的,无须标明是绕哪一点转动。

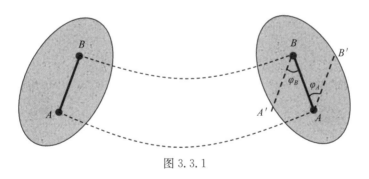

图 3.3.1

因为牵连运动是平移,应用点的合成运动来求平面图形内各点的速度和加速度就非常简单了:平面图形内任一点的速度等于基点的速度与该点随图形绕基点转动速度的矢量和;平面图形内任一点的加速度等于基点的加速度与该点随图形绕基点转动的切向加速度和法向加速度的矢量和。

3.3.2　瞬心法

实际解题过程中,基点可以任意选取,如果能选取平面图形上速度或加速度为零的点,解题过程将大大简化。

一般情况下，在每一瞬时，平面图形上都唯一地存在一个速度为零的点。这一结论也很容易证明，如果角速度不为零的平面图形上某点的运动速度不为零，选其为基点，则其速度垂线上点的相对速度都与牵连速度平行，且相对速度的大小呈线性变化，因此总可以找到一个点(可在平面图形外，但一定在运动平面上)，其牵连速度与相对速度大小相等、方向相反，瞬时速度为零。

在某一瞬时，平面图形内速度等于零的点称为瞬时速度中心，简称速度瞬心。平面图形内任一点的速度等于该点随图形绕瞬时速度中心转动的速度。图形内各点速度的大小与该点到速度瞬心的距离成正比，速度的方向垂直于该点到速度瞬心的连线，指向图形转动的方向。这一速度分布情况与刚体绕定轴转动的分布情况类似，平面图形可以看作是绕速度瞬心的瞬时转动。

确定速度瞬心一般有如下方法：

(1)平面图形沿一固定表面作无滑动的滚动，图形与固定面的接触点就是图形的速度瞬心。例如图 3.3.2 中，动轮在滚动的过程中，轮缘上的各点相继与静止面接触而成为动轮在不同时刻的速度瞬心。

(2)已知图形内任意两点的速度方向，速度瞬心就在每一点速度的垂线上。图 3.3.3 中，长杆倒下的过程中，与侧墙接触的点速度始终向下，与地面接触的点速度始终向右，两个速度垂线的交点即为速度瞬心。

(3)已知图形上两点 A 和 B 的速度相互平行，并且速度的方向垂直于两点的连线，则速度瞬心必在两点连线 AB（及延长线）与两个速度矢端点连线（及延长线）的交点上。图 3.3.4 中，圆轮上下与板接触处的速度已知，两速度方向平行且垂直于连线，速度矢端点连线与 AB 的交点 C_v 即为速度瞬心。

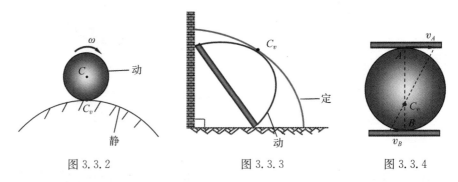

图 3.3.2　　　　　　　　图 3.3.3　　　　　　　　图 3.3.4

一般情况下，在每一瞬时，图形平面内必有一点成为速度瞬心。如果旋转角速度不为零，则速度瞬心存在且唯一。如果旋转角速度为零，则可以看作速度瞬心在无穷远处，此时图形上各点运动速度分布如同图形在作平移，称作瞬时平移。

在不同的瞬时，速度瞬心在图形内的位置是不同的。速度瞬心的位置是连续变化的，将不同时刻的速度瞬心连接起来形成轨迹，在定系上的轨迹称为定瞬心轨迹，动系上的轨迹称为动瞬心轨迹。图 3.3.3 中的两条轨迹线即为定瞬心轨迹和动瞬心轨迹。

如果已知平面图形在某一瞬时的速度瞬心位置和角速度,则该瞬时图形内任一点的速度都可以完全确定,可以给求解速度带来极大的便利。如果要求解加速度,就要研究加速度瞬心了。

在某一瞬时,平面图形内加速度等于零的点称为加速度瞬心。与速度不同,定轴转动刚体内一点的加速度由与角加速度相关的切向加速度和与角速度相关的法向加速度两部分组成,虽然切向与法向加速度合成后的方向与半径的夹角都相同,但一般不再垂直于半径。如图 3.3.5 所示,加速度瞬心 C_a 是唯一存在的且可以通过基点法求出。

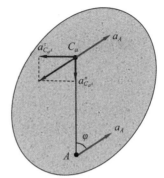

图 3.3.5 加速度瞬心求解

刚体的平面运动中,角加速度常常是一个未知量,因此很难轻易找出加速度瞬心,这极大地限制了加速度瞬心的使用。

当然,在一些特殊情况下还是能确定加速度瞬心的:

(1)瞬时角速度为零的情况。在这个瞬时,平面图形上各点只有绕加速度瞬心的切向加速度,即图 3.3.5 中 $\varphi = 90°$,此时可以用寻找速度瞬心的方法来找加速度瞬心。

(2)瞬时角加速度为零的情况。在这个瞬时,平面图形上各点只有指向加速度瞬心的法向加速度,即图 3.3.5 中 $\varphi = 0°$,平面上任意两点的加速度方向确定后,这两点方位线的交点就是此时的加速度瞬心。

在某一瞬时,平面图形可看作绕加速度瞬心做定轴转动,图形内各点加速度方向不再一定与点到瞬心连线垂直,而是存在一个特定的夹角,大小还是类似速度瞬心那样的存在线性关系。

瞬心法有时可使问题大大简化。基点法能解决所有瞬心法所能解决的问题,只是可能会复杂不少。解题时可以先观察,如果瞬心较容易确定则可使用。

3.3.3 投影法

基点法得到的公式都是关于矢量的等式,这些公式在任何方向的投影式都成立,那么如何投影可以给求解带来便利呢?

如果公式中一些矢量的方向是已知的,投影到与其垂直的方向上就可以将其从公式中消除,从而达到简化公式的目的。

速度投影定理:同一平面图形上任意两点的速度在这两点连线上的投影相等。

使用基点法求速度时,平面图形内任一点的速度等于基点的速度与该点随图形绕基点转动速度的矢量和,一点绕基点的转动速度方向必垂直于该点与基点的连线,投影到两者连线后这一项对应的结果为零。

图 3.3.6 的滑轮组中,右侧绳子自由端的运动速度 v 已知,求动滑轮中心 A 点的速度。使用速度投影,问题迅速得到解决。

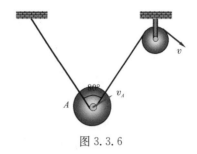

图 3.3.6

但是投影到两点连线,也限制了其能解决的问题种类。因为投影过程中直接将相对于基点的转动速度消除了,因此速度投影定理无法求解刚体的角速度。

两点的加速度也可以投影到连线上,角加速度引起的切向加速度将直接被消除,但由于法向加速度的存在,两点加速度在连线上的投影是不相等的。只有在平面图形中角速度为零的瞬时,法向加速度为零,两点加速度在连线上的投影是相等的。

3.3.4 推土机的机构运动与分析

视频 3-7
模型操作表演

视频 3-8
推土机操作等
表演

图 3.3.7 为推土机,它是一种重要的工程机械,能实现推土、铲土、提升、倒土等动作。从运动学中的几种典型机构(曲柄滑块、四连杆、凸轮、曲柄摆杆、曲柄摇杆机构等)中选择几种组合起来就能实现上述几种动作。

图 3.3.7

图 3.3.8 所示推土机中,$OABC$ 就是四连杆机构,CB 可以做 360° 定轴旋转,OA 杆可做定轴摆动,BAD 杆可做平面运动,DE 杆可做平面运动,EF 铲斗也可做平面运动。

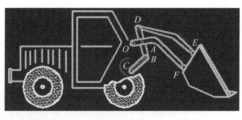

图 3.3.8

3.3.5 多功能万花尺

图 3.3.9 为五个小外齿轮和一个大内齿轮组成的一套多功能万花尺。

1. 两个齿轮外啮合

若取一个小齿轮,让其在另一个固定的齿轮上做纯滚动,则可动的小齿轮做平面运动[图 3.3.10(a)]。小齿轮上有一些小孔,用黑笔插入不同的小孔可画出不同的轨迹。现有 5 个齿轮,分别有铅笔孔 8、18、20、25、27 个。例如,把一个齿轮固定,另外四个齿轮分别与其外啮合,就有五类啮合可能:

$$18+8+25+27=78$$
$$20+18+8+27=73$$
$$25+20+18+8=71$$
$$18+27+25+20=90$$
$$8+27+25+20=80$$
$$\underline{\qquad\qquad\qquad\qquad\qquad}$$
$$+)\qquad\qquad 392 \text{ 种}$$

　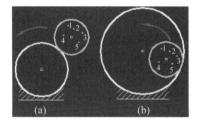

图 3.3.9　　　　　　　　　　　图 3.3.10

由一种颜色的各种图形叠合起来就有 392^2 种图形,若用多种颜色,则有千万种以上的“花色”,所以人们称它为“万花尺”。

2. 两个齿轮内啮合

一个小齿轮在一个大齿轮内作纯滚动,如图 3.3.10(b)所示,现有 5 个小齿轮,上面有不同数目的小孔。图 3.3.11 为不同轨迹的组合效果,还可以选择不同颜色组合,可画出更多种不同的轨迹,组成形态各异、色彩多样的图案。

视频 3-9
图形的描绘

图 3.3.11

如上面分别有孔 8、18、20、25、27 个,若用黑笔插入各个小孔中,可画出很多种不同的轨迹,共计 98 条黑色曲线。再用红色笔插入各个小孔同样可画出 98 条红色的不同轨迹曲线,把上述两种颜色曲线按不同组合叠合起来就有 $98×98=9604$ 种不同的双色图案。若再用黄、蓝两色分别插入各个小孔去画、去叠合,则四色(红、蓝、黄、黑)图案会有 98×98×98×98＝92236816 种。

也可以写出一个齿轮做平面运动的方程和上面任一点的运动方程、轨迹方程等,从而编制软件,为纺织业花纹图形设计提供宝贵的软件和方法。

3.4 综合应用实例

3.4.1 苹果削皮机的运动分析

视频 3-10
苹果削皮过程

在理论力学教材"点的复合运动"章节中,定义了牵连运动、相对运动和绝对运动。这三种运动可在苹果削皮机上得到创新应用(图 3.4.1)。苹果削皮机产品还可作为教具带到课堂上操作,有助于学生理解这三种运动。

将动系固连于固定苹果的部件上,则牵连运动是定轴转动,将苹果削皮机的刀头看成一个点,它的绝对运动是空间曲线运动,刀头对于苹果的相对运动是沿苹果表皮的空间曲线(苹果外形)运动。

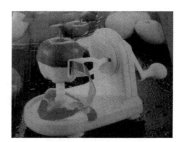

图 3.4.1

1. 正齿轮的传动计算

传动过程中角位移的变化可以应用在定轴转动中,应用两个外啮合齿轮的角速度之比与半径或齿数成反比的关系式,可计算出整个传动系统的速比。

互相啮合的两齿轮其角速度(或转速)和角加速度与其半径成反比,即与其齿数成反比。

图 3.4.2 中的水平轴传动比:

$$i_{12}=\frac{n_1}{n_2}=\frac{70}{14}=5$$

$$i_{34}=\frac{n_3}{n_4}=\frac{64}{20}=3.2$$

$$i_{14}=i_{12} \cdot i_{34}=\frac{n_1}{n_4}=16$$

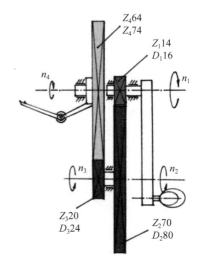

图 3.4.2

式中,70、14、64、20 分别为各齿轮的齿数。计算表明手摇转速为削皮刀绕水平轴转速的 16 倍,这个传动系统为减速系统。水平轴先传动,再通过与之相垂直的竖直轴传动,它们之间是采用伞齿轮啮合。

2.牵连运动的转速计算

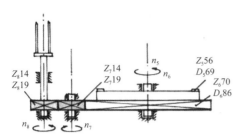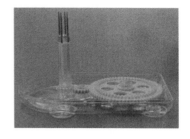

图 3.4.3

苹果削皮机的竖直轴传动比：$i_{67}=\dfrac{n_6}{n_7}=\dfrac{z_7}{z_6}=\dfrac{14}{70}=0.2$，$i_{78}=\dfrac{n_7}{n_8}=\dfrac{z_8}{z_7}=1$

互相垂直轴传动比：$i_{25}=\dfrac{n_2}{n_5}=\dfrac{z_5}{z_2}=0.8$

确定了各级传动过程的传动比，则总传动比：

$$i_{18}=i_{12} \cdot i_{25} \cdot i_{67} \cdot i_{78}=5\times0.8\times0.2\times1=0.8$$

手摇转速为苹果垂直轴转速的 80%。

应用相对运动的概念，分析刚体的牵连运动、相对运动和绝对运动，可知相对角速度之比与外啮合齿轮齿数呈比例关系，得出整个传动系统的速比计算式。

削皮机略作改进后，目前已用在削生梨、荸荠等产品上，深受人们青睐。

3.4.2　踢足球机器人行走机构的合成

图 3.4.4 为三种踢足球机器人形式，其中(a)为人体型，(b)为小盒移动型，(c)为不倒翁型，它们的行走机构用的都是图 3.4.4(d)中的全方位轮。其中不倒翁型机器人，在主体的底部轴对称地布置了三个全方位轮，中间加了一个大型球体过渡，能在地面上纯滚动地前进。

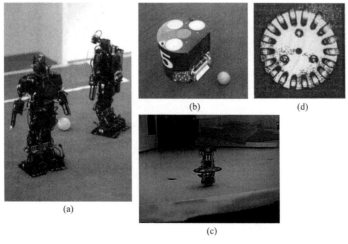

(a)　(b)　(d)　(c)

图 3.4.4

从图 3.4.5(a)可见,此机器人底部的全方位轮(大轮子)能有控制地转动,我们把它称作牵连运动,其牵连角速度矢为 $\boldsymbol{\omega}_e$,在此轮上有左右叉开的各六只椭球形(有利于各轮与地面点接触)小轮子,这些小轮子是无动力源的,与地面摩擦接触,发生纯滚动,其相对于大轮子可以转动,称为相对运动,其角速度矢为 $\boldsymbol{\omega}_r$。站在地面上观察与地面接触的椭球形小轮可发现,它的运动是空间转动,则矢量关系为 $\boldsymbol{\omega}_a = \boldsymbol{\omega}_e + \boldsymbol{\omega}_r$。

从图 3.4.5(b)的平面图可见,椭球形小轮与地面接触点 M 的速度 v_a 由两部分组成,即它是牵连速度 v_e 和相对速度 v_r 的矢量和($v_a = v_e + v_r$)。此时若绝对速度矢量的方向是向前的,则机器人的运动的方向是向后的。

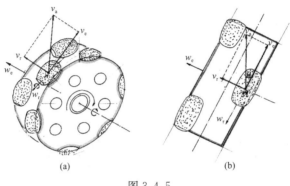

(a) (b)

图 3.4.5

多种踢足球机器人行走机构的底部安装了三个全方位轮,轴对称布置,且各由伺服电机驱动,可同步正向和反向转动,可使站立的机器人快速(或慢速)地左转或右转,如图 3.4.6 所示,其中(a)为控制盒。

视频 3-11
行走机构原理及
不倒翁机器人

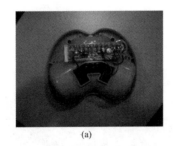 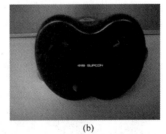

(a) (b)

图 3.4.6

2013 年夏天举办的机器人足球世界杯(RoboCup)比赛,浙江大学参赛的作品就是图 3.4.4(b)所示的形式,它获得了第一名。它表演时首先瞄准目标快速前进,到达理想位置(无阻挡、距离合适等),再对准目标快速踢球,从而将球踢进球门。

不倒翁机器人设计时必须满足的力学条件有:

(1)整机的质心必须在行走球的几何中心之下;

(2)整机是由多种不同元件组成的,它是非均质物体,重心的测试技术采用"悬吊"、数码相机拍摄与 CAD 三者结合的方法,可得到精确结果,并可调试和优化。

（3）行走机构的踢球运动特征的速度、各向角速度控制由上面三个伺服电机完成，各接触面的摩擦因数要合适，不能打滑即必须上、下都是纯滚动。

3.4.3　"鬼推磨"和假肢机构的运动分析

图 3.4.7 为"鬼推磨"教具，这是中国向世界各孔子学院提供的一个教具。在宣传中国传统文化中的俗语"鬼推磨"时，不易翻译，用这个教具来翻译和解释，听者易懂，讲解效率高、效果好。人们做了多种与成语对应的教具，如画龙点睛、拔苗助长、投鼠忌器、瓮中捉鳖、下笔成章、一箭双雕、以卵击石等（也可以作为玩具），深受国外朋友欢迎。

此教具的动力源由直流电机传动到蜗轮蜗杆和齿轮组成的减速系统中，如图 3.4.8 所示。

视频 3-12
鬼推磨表演及假腿人跑步

视频 3-13
鬼推磨操作减速系统

图 3.4.7

图 3.4.8

此教具的运动机构是空间四连杆机构（可近似为平面四连杆机构）的应用，如图 3.4.9 所示，曲柄在旋转的磨具上面，摆杆在"鬼"的两手连体上，连杆通过两个铰链将磨与"鬼"的手联系起来，"鬼"的两脚跟分别装了球铰链，使小腿灵活地在空间做定点运动。

控制系统由一套二次开关控制，第一开关接通电源，第二开关是弹性悬臂梁，此梁受丢入硬币一次冲击，就触动开关接通电源定时为一分钟，电机开始转动，"鬼推磨"系统就启动并表演一分钟。若再要使其"鬼推磨"表演，就需再投币一次。

应用机构学设计的假肢、假腿日益先进，受到残疾人群体的喜爱。图 3.4.10 中的两种形式就是四连杆机构的应用。

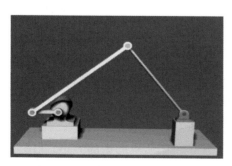

图 3.4.9

图 3.4.10

第 4 章
动 力 学

静力学中,我们分析了作用于物体的力,并研究了物体在力系作用下的平衡问题。运动学中,我们仅从几何方面分析了物体的运动,而不涉及作用力。动力学则对物体的机械运动进行全面的分析,研究作用于物体的力与物体运动状态变化之间的关系,建立物体机械运动的普遍规律。

动力学的研究一般从抽象模型——质点和质点系展开。质点是具有一定质量而几何形状和尺寸大小可以忽略不计的物体。质点系是由几个或无限个相互有联系的质点所组成的系统。至于静力学里提到的刚体,是质点系的一种特殊情形,其任意两个质点间的距离保持不变。

动力学一般处理两类问题:已知物体的受力情况,要求确定物体的运动状态;已知物体的运动状态,要求推断物体的受力情况。

4.1 牛顿三定律

物体本身实际上都有一定的大小,但若某物体的大小尺寸同它到其他物体的距离相比,或同其他物体的大小尺寸相比是很小的,则该物体便可近似地看作是一个质点。例如,人造卫星相对于地球以及其运动轨道来说尺寸很小,也可抽象为一个质量集中在质心的质点。刚体平移时,刚体内各点运动状态完全相同,也可以不考虑这个刚体的形状和大小,而抽象为一个质点来研究。

质点是经典力学中最简单、最基本的模型,是构成复杂系统的基础。牛顿力学以质点作为研究对象,着眼于力的作用关系,在处理质点系统问题时,强调分别考虑各个质点所受的力,然后来分析整个质点系统的运动状态。

质点动力学的基础是牛顿运动定律,由牛顿在总结前人,特别是伽利略研究成果的基础上,于 1687 年发表在《自然哲学的数学原理》一书中,包含三条基本定律,称为牛顿三定律。

1.牛顿第一运动定律(惯性定律)

不受力作用的质点,将保持静止或做匀速直线运动。如果没有外力作用或者外力相互抵消,物体将保持静止或匀速直线运动状态,直到有其他力迫使其改变这种状态。这个定律强调了物体的惯性,即物体保持其运动状态的倾向。

2.牛顿第二运动定律(加速度定律)

质点的质量与加速度的乘积,等于作用于质点的力的大小,加速度的方向与力的方向相同。物体的加速度与所受的合外力成正比,与物体的质量成反比,且加速度的方向与合外力的方向相同。这个定律定量描述了力的作用效果,即力使物体产生加速度。质量是质点惯性的度量。

　3. 牛顿第三运动定律(作用与反作用定律)

　两个物体间的作用力和反作用力总是大小相等,方向相反,沿着同一直线,且同时分别作用在这两个物体上。这个定律就是静力学的公理 4。

　牛顿运动定律中的各定律互相独立,但内在逻辑符合自洽一致性。第一定律说明了力的含义:力是改变物体运动状态的原因。第二定律指出了力的作用效果:力使物体获得加速度。第三定律揭示出力的本质:力是物体间的相互作用。

　牛顿运动定律只适用于惯性参考系。惯性参考系是一个理想化的坐标系,既不加速也不减速。在这个参考系中,不受外力作用的物体将保持静止或匀速直线运动状态。惯性参考系中的时间是均匀流逝的,空间是均匀且各向同性的。

　地球表面的参考系通常被近似为惯性参考系,但需要注意的是,由于地球的自转和公转,它实际上是一个非惯性参考系,在更精确的分析中,如天文学和宇宙学,通常会使用日心坐标系或其他更接近惯性条件的参考系。

4.2　动力学普遍定理

　动量定理、动量矩定理和动能定理从不同的侧面揭示了质点和质点系总体的运动变化与作用量之间的关系。

4.2.1　动量与冲量

　物体的机械运动都不是孤立地发生的,它与周围物体间存在着相互作用,这种相互作用表现为运动物体与周围物体间发生着机械运动的传递(或转移),动量正是从机械运动传递这个角度度量机械运动的物理量。

　在经典力学中,动量表示为物体的质量和速度的乘积,是与物体的质量和速度相关的物理量,指的是运动物体的作用效果。动量是矢量,它的方向与速度的方向相同。一般而言,一个物体的动量指的是这个物体在它运动方向上保持运动趋势的能力。

　在牛顿力学中,物体的质量和物体的运动状态无关。因此,某一物体的动量发生变化,一定意味着它的速度发生了变化。速度的变化源自加速度的时间累积效应,物体受力则会产生加速度,持续一定的时间速度就会发生变化。

　作用力与作用时间的乘积称为力的冲量。冲量是力的时间累积效应的量度,是矢量,是过程量。

　动量定理:在某一时间间隔内,质点动量的变化等于作用于质点的力在此段时间内的冲量;在某一时间间隔内,质点系动量的改变量等于在这段时间内作用于质点系外力冲量的矢量和。

动量定理揭示了一个物体动量变化的原因及量度,即物体动量要变化,则它要受到外力并持续作用了一段时间,也即物体要受到冲量。

同时,由于力作用的相互性,作用力和反作用力大小相等、方向相反,作用时间是相同的,产生的冲量也是大小相等、方向相反的。如果这样的一对力是系统的内力,则不会对系统的总动量产生影响,质点系的动量变化只跟外力冲量有关。

动量守恒定律:一个系统不受外力或所受外力之和(主矢)为零,这个系统的总动量保持不变。动量守恒定律是自然界中最重要最普遍的守恒定律之一,它既适用于宏观物体,也适用于微观粒子;既适用于低速运动物体,也适用于高速运动物体,它是一个实验规律,也可用牛顿第三定律和动量定理推导出来。

动量守恒是有条件的,即合外力为零。具体类型有三:系统根本不受外力(理想条件);有外力作用但系统所受的外力之和为零,或在某个方向上外力之和为零(非理想条件);系统所受的外力远比内力小,或作用时间极短(近似条件)。

质心运动定理:质点系的质量与质心加速度的乘积等于作用于质点系外力的矢量和(力系简化后的主矢)。质点系质心的运动,可以看成为一个质点的运动,此质点集中了整个质点系的质量及其所受的外力。质点系的内力不影响质心的运动,只有外力才能改变质心的运动。

4.2.2 动量矩与冲量矩

质点系的动量及动量定理,描述了质点系质心的运动状态及其变化规律。质点系的动量矩及动量矩定理则在一定程度上描述了质点系相对于定点或质心的运动状态及其变化规律。

动量矩又称角动量,是描述物体转动状态的量。由于动量是矢量,与力矩类似,质点的动量对某一点的矩称为质点对该点的动量矩。质点系内各点的动量对某一点的矩的矢量和称为质点系对该点的动量矩。动量矩在某轴上的投影即为质点或质点系对该轴的动量矩。

冲量矩又称角冲量,是量度力矩对转动物体的时间累积效应的物理量,其效果是使物体的角动量发生变化,可用矢量表示,方向与力矩相同。

动量矩定理:在某一时间间隔内,质点动量矩的变化等于作用于质点的力在此段时间内的冲量矩;在某一时间间隔内,质点系动量矩的改变量等于在这段时间内作用于质点系外力冲量矩的矢量和。

动量矩守恒定律:当外力对于某定点(或某定轴)的主矩等于零时,质点系对该点(或该轴)的动量矩保持不变。

刚体的转动惯量是刚体转动时惯性的度量。转动惯量只取决于刚体的形状、质量分布和转轴的位置,而同刚体绕轴的转动状态无关。对于形状规则的均质刚体,其转动惯量可直接通过积分计算得到。对于几何形状相同的均质物体,其回转半径(或惯性半径)是相同的,物体的转动惯量等于该物体的质量与回转半径平方的乘积。

平行轴定理:刚体对于任一轴的转动惯量,等于刚体对于通过质心并与该轴平行的轴的转动惯量,加上刚体的质量与两轴间距离平方的乘积。根据该定理可知,刚体对平行的轴的转动惯量,以通过质心的轴的转动惯量为最小。

需要说明的是,动量矩定理只适用于惯性参考系中的固定点或固定轴。对一般的动点或动轴,动量矩定理的形式将变得较为复杂。但是质心比较特殊,以质点的相对速度或以其绝对速度计算质点系对质心的动量矩,其结果是相等的。因此,质点系对于质心的动量矩定理和动量矩守恒定律仍然是简单的形式,表述与之前相同。

4.2.3　功与能

动量定理和动量矩定理完整描述了外力系对质点系的效应,但不反映内力效应。例如,静止的两辆小车用细线相连,中间有一个压缩的弹簧。烧断细线后,由于相互作用力的作用,两辆小车分别向左右运动,它们都获得了动量,但动量的矢量和为零。

能量转换与做功之间的关系是自然界中各种形式运动的普遍规律,不同于动量定理和动量矩定理,动能定理从能量的角度来分析质点和质点系的动力学问题,这在有些情况下会更方便、有效。

当一个力作用在物体上,物体在这个力的方向上移动了一段距离,力学里就说这个力做了功。即使存在力,也可能没有做功。例如,桌上的一本书,尽管桌子对书有支持力,但因没有位移而没有做功。再如,在匀速圆周运动中,向心力指向圆心,物体运动方向始终垂直于半径,物体有位移但在向心力方向上没有移动距离。

功的实质就是力对物体作用的空间累积。功是标量,大小等于力与物体在力的方向上通过的距离的乘积,国际单位制单位为焦耳。

物体由于运动而具有的能量,称为物体的动能。对于质点,定义为其质量与速度平方乘积的二分之一。动能是标量,无负值,在国际单位制中单位也为焦耳。

质点系内各质点动能的算术和称为质点系的动能。刚体是由无数质点组成的质点系,刚体做不同运动,各质点的速度分布不同,动能的计算也不同。刚体做平移时,各点速度都相同(等于质心速度),刚体的动能等于其质量与质心速度平方乘积的二分之一;刚体做定轴转动时,动能等于其转动惯量与角速度平方乘积的二分之一;做平面运动刚体的动能,等于随质心平移的动能与绕质心转动的动能的和。

动能定理:质点系在某一段运动过程中,起点和终点的动能改变量,等于作用于质点系的全部力在这段过程中所做功的和。

对于质点系的内力,虽然总是等值反向成对出现,但所做功的和并不一定等于零,例如前面举例的中间有压缩弹簧的两辆小车。对于刚体,由于其上任意两点的距离保持不变,沿这两点连线的位移必定相等,这两点间的内力所做的功的和等于零,因此,刚体所有内力做功的和为零。

对于光滑接触面、光滑铰链、柔索约束等,其约束反力都垂直于作用点的位移,因此约束力不做功,这类约束称为理想约束。一般情况下,滑动摩擦力与物体的相对位移方向相反,做负功;纯滚动情况下,接触点为瞬心,摩擦力作用点没动也不做功。

如果物体在某空间任一位置都受到一个大小和方向完全由所在位置确定的力的作用,则这部分空间称为力场。如果物体在力场内运动,作用于物体的力所做的功只与力作用点的初始位置和终了位置有关,而与该点的运动轨迹无关,这种力场称为势力场,或保守力场。在势力场中,物体受到的力称为有势力或保守力。重力、弹性力都是保守力。

势能是指物体(或系统)由于位置或位形而具有的能。在势力场中,质点从起始位置运动到终了位置,有势力所做的功称为质点在起始位置相对于终了位置的势能,终了位置称为零势能点。零势能点可以任意选取,势能的大小是相对于零势能点而言的。

如果质点系受到多个有势力的作用,每个有势力都有其各自的零势能点,质点系的零势能位置是各个质点都处于其零势能点的一组位置。质点系从某位置到其零势能位置的运动过程中,各有势力做功的代数和称为此质点系在该位置的势能。有势力所做的功等于质点系在运动过程的初始位置与终了位置的势能的差。

质点系在某瞬时的动能与势能的代数和称为机械能。质点系仅在有势力的作用下运动时,其机械能保持不变。此类质点系被称为保守系统。如果质点还受到非保守力的作用,称为非保守系统,非保守系统的机械能是不守恒的。

4.2.4 动力学普遍定理的综合应用

动量定理、动量矩定理和动能定理,及基于三大定理推导得到的各种结论统称为动力学普遍定理。它们从不同的角度描述了物体机械运动与机械作用之间的关系,但每一个定理又只反映了这种关系的一个方面。

动力学普遍定理的理论基础是牛顿第二定律,它们是第二定律进一步的发展和应用。普遍定理和第二定律都是描述机械运动的变化规律和机械作用之间的关系,第二定律反映力与加速度之间的关系,而普遍定理则分别反映动量的变化与力的冲量、动量矩的变化与力矩的冲量矩、动能的变化与力的功之间的关系。第二定律仅适用于质点,普遍定理不仅适用于质点,还适用于质点系。

动量定理、动量矩定理一般限于研究物体机械运动范围内的运动变化问题,而动能定理还可以用于研究机械运动与其他运动形式之间的运动转化问题。动量定理、动量矩定理的表达式为矢量形式,描述质点系整体运动时,不仅涉及有关运动量的大小,而且涉及运动量的方向。动能定理的表达式则为标量形式,不涉及运动量的方向,无论质点系如何运动,动能定理只能提供一个方程。动量定理、动量矩定理的表达式中含有时间参数,而动能定理的表达式中含有路程参数。

应用动量定理和动量矩定理的优点是不必考虑系统的内力,因为内力的主矢和主矩均为零。动能定理的表达式中可以包含主动力和约束力,但理想约束的约束反力所做的功为零,因此可以不用考虑。动能定理考虑的主动力可以是外力,也可以是内力(可变质点系)。

动量定理、动量矩定理和动能定理都有微分式、积分式、守恒式三种形式。特别需要注意的是守恒形式,最初它们是牛顿运动定律的推论,但后来发现它们的适用范围远远广于牛顿运动定律,是更基础的物理规律,是时空性质的反映。其中,动量守恒定律由空间平移不变性推出,能量守恒定律由时间平移不变性推出,而角动量守恒定律则由空间的旋转对称性推出。合理利用守恒式,可以给解题带来极大的便利。

动力学普遍定理是求解动力学问题的有效方法,在解决动力学的具体问题时不同定理常用来求解不同的问题。由于普遍定理都是通过牛顿第二定律和运动学公式推导出来的,在数学上存在一定的等价性,同一动力学问题可以用不同的方法来分析和求解,但求解的难易程度却不同。求解比较复杂的动力学问题时,往往不可能仅用一个定理解决全部问题,需要综合应用几个定理来求解。

如何恰当地选用定理,并不存在一个固定的模式,必须具体问题具体分析,综合考虑、灵活应用,这就是动力学题目难度最大的地方。但是一般来说,下列原则仍有一定的参考价值。

(1)求解速度、角速度问题往往首先考虑应用动能定理的积分形式,且尽可能以整个系统为研究对象,避免拆开系统。

(2)应用动能定理的积分形式,如果末位置的速度或角速度是任意位置的函数,则可求时间导数来得到加速度或角加速度。仅求加速度(角加速度)的问题应用动能定理的微分形式也很方便。

(3)对既要求运动又要求约束力的问题,应用动能定理不能求出无功约束力,此时往往先求运动,然后再用质心运动定理或动量矩定理来求约束力。

(4)当系统由做平动、定轴转动、平面运动的刚体组合而成时,一种比较直观的求解办法就是将系统拆开成单个刚体,分别列出相应的动力学微分方程,然后联立求解。

(5)注意动量、动量矩守恒问题,特别是仅在某一方向上的守恒。

根据问题的条件和要求以及系统的受力情况,恰当地选用定理,包括各种守恒情况的判断,以避开与解题要求无关的未知量,而直接求得所需结果,复杂的问题则分步骤求解。另外需要注意补充运动学关系,使动力学方程组闭合。

4.2.5 质点系动量定理的演示

1. 牛顿碰撞球

图 4.2.1 为牛顿碰撞球示意图,通常其是由 5 个质量完全相同,且可视为理想弹性体的钢球组成。用等长的小阻尼绳索将球悬挂成串联单摆,球与球之间无间隙自由悬吊且刚性接触,现将左侧的 A 球拉起一定初始角,让其自由下落碰撞到 B 球上,会发生什么?

又将左侧的 A、B 两球同时拉起一定的初始角,让其自由下落,又会发生什么? 再将左侧的 A 球拉起,右侧 E 球也反向拉起相同的角,让它们自由下落,又会发生什么? 这时系统的总动能和总动量发生什么变化?

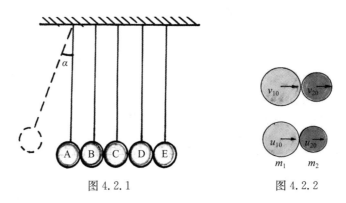

图 4.2.1   图 4.2.2

2. 串联球碰撞

串联球碰撞的基本假设:①球面完全光滑;②对心碰撞;③理想弹性体,能量在碰撞中可以完全转移,即恢复因数 $e \approx 1$。

以图 4.2.2 所示两个理想小球碰撞为例,小球质量分别为 m_1 和 m_2,碰撞前速度分别为 v_{10}、v_{20},方向沿着质心 C_1 和 C_2 的连线,碰撞后速度为 u_{10}、u_{20},根据质点系在 x 方向的动量守恒和机械能守恒,得碰撞后两球的速度分别为

$$u_{10} = v_{10}(m_1 - m_2)/(m_1 + m_2) + v_{20}(2m_2)/(m_1 + m_2)$$

$$u_{20} = v_{10}(2m_1)/(m_1 + m_2) + v_{20}(m_2 - m_1)/(m_1 + m_2)$$

若两球质量相同,即 $m_1 = m_2 = m$,代入上式,得

$$u_{10} = v_{20}, u_{20} = v_{10}$$

由此可见,质量相同的理想两球对心碰撞后两球交换了速度。若碰撞前第 2 个球静止,碰撞后则变为第 1 个球静止。

对于牛顿碰撞球,可以证明一球拉起放下后的撞击能量,不足以使两球或多球弹出,唯一的结论是从动量守恒和机械能守恒得出"一球进,一球出",同样可以证明"两球进,两球出"。

对于非理想弹性碰撞球,由于能量因损耗而不守恒,所以没有上述结论。

在球上粘贴橡皮胶后,就可观察到明显不同的结果。

4.2.6 动量矩偶在飞行器控制中的应用

1.动量矩定理简述

动量矩用于旋转件时,这个物理量也是度量物体转动运动的一个基本量,它是矢量(滑动矢)。

质点系动量矩定理可表示为

$$\frac{\mathrm{d}\boldsymbol{L}_A}{\mathrm{d}t}=\boldsymbol{M}_A^{(\mathrm{e})}+m\boldsymbol{v}_C\times\boldsymbol{v}_A$$

其中,A 为动点,C 为质心,$\boldsymbol{v}_C$ 为质心速度,$\boldsymbol{v}_A$ 为 A 点的速度,$\boldsymbol{L}_A$ 为质点系对 A 点的绝对动量矩矢,$\boldsymbol{M}_A^{(\mathrm{e})}$ 为外力对 A 点的主矩矢。

当 A 点为固定点时,$v_A=0$,动量矩定理可以进一步简化:$\frac{\mathrm{d}\boldsymbol{L}_A}{\mathrm{d}t}=\boldsymbol{M}_A^{(\mathrm{e})}$,此式也可以向固定坐标系($x$、$y$、$z$ 各轴)投影,得到适合于运算的三个投影形式。

推论:(1)当外力系对某固定点的主矩恒等于零,则质点系对该点的动量矩恒为常数。即质点系对该点的动量矩守恒,称为动量矩守恒定理。

当外力系对某固定轴主矩等于零,质点系对该固定轴的动量矩守恒。

(2)若将矩心取在质心上,则动量矩定理形式就更简单了。

$$\frac{\mathrm{d}\boldsymbol{L}_C}{\mathrm{d}t}=\boldsymbol{M}_C^{(\mathrm{e})}$$

这里并不要求质心静止。若外力对质心的力矩 $\boldsymbol{M}_C^{(\mathrm{e})}=0$,则 $\boldsymbol{L}_C$ 为常数,即质点系对质心的动量矩守恒。

2.有旋转尾叶的直升机

在地球大气层内、外飞行的器械称为飞行器。飞行器按工作方式不同又分三类:航空器、航天器、火箭和导弹。在大气层内飞行的飞行器称为航空器,航空器靠空气静浮力和空气动力升空飞行。

直升机属于一种航空器。直升机除了主螺旋桨外,还要在尾部上安装一只小螺旋桨,如图 4.2.3 所示。

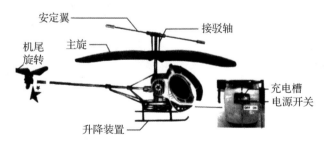

图 4.2.3

因为直升机飞行时(为了说明方便,假设水平飞行),重力对质心(即重心)的矩等于零,如果没有其他外力作用,那么,当主螺旋桨绕铅直轴转动时,由于对通过质心的铅直轴的动量矩必须守恒,机身将绕该轴沿着与主螺旋桨转动相反的方向转动,只有开动在尾部绕水平轴转动的小螺旋桨,此螺旋桨产生一水平力,使该力对通过质心的铅直轴的矩抵消由于主螺旋桨转动而引起的转动效应,才能使机身起动时不致产生转动。

3. 无尾叶的单轴双层叶直升机

无尾叶的直升机为避免机身的反向旋转,可采用转向相反的两个同轴主螺旋桨,靠这两个主螺旋桨的动量矩之和为零实现守恒。为了实现直升机上升,此两主螺旋桨叶片翘曲方向是相反的,产生的气流是同方向的。

图 4.2.4 为小型无尾叶直升机,其竖向有两个主螺旋桨,用遥控器操作其反向转动从而产生气流与升力。

直升机的动量矩矢见图 4.2.5,一个向上($J_1\boldsymbol{\omega}_1$),另一个向下($J_2\boldsymbol{\omega}_2$),两个矢量大小相等、方向相反,在一条线上,表示动量矩守恒。

图 4.2.4　　　　　　　　　　图 4.2.5

这种直升机同一竖轴向有两个主螺旋桨,它们的转向相反。若上面一个螺旋桨俯视为顺时针转动,则下面一个螺旋桨俯视为逆时针转动,如图 4.2.6 所示,而气流均应该是向下,升力是向上,要达到这个要求,由图 4.2.7 可见两层叶片扭曲方向就完全不同了。

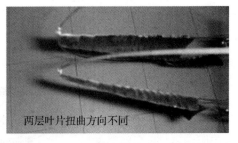

两层叶片扭曲方向不同

图 4.2.6　　　　　　　　　　图 4.2.7

4. 无尾叶双平行轴单叶的直升机

如图 4.2.8 所示,两个平行主螺旋桨相当于将前面两架有尾叶的直升机合在一起变为一架直升机,这样实现动量矩守恒。

图 4.2.8

有两个平行轴的主螺旋桨,它们的动量矩之和为零。

5. 前后两轴平行各有双层叶反向转动的直升机

前后两轴动量矩均守恒,如图 4.2.9 所示。若图示左轴转速提高,左轴升力增大,直升机如图 4.2.10 所示发生倾斜,整机就向右行进,若图示右轴转速提高,直升机如图 4.2.11 所示发生倾斜,整机就向左行进。

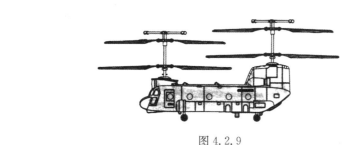

图 4.2.9

视频 4-4
有两平行轴双层
主叶的直升机

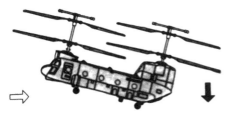

图 4.2.10   图 4.2.11

6. 无尾叶的四叶直升机

图 4.2.12 为无尾叶的四叶直升机,每一个主螺旋桨有一个动量矩矢,两个平行向上,另两个平行向下(图 4.2.13)。将这四个动量矩矢合成后,动量矩也能守恒为零(图 4.2.14),因而机身不发生转动。

满足动量矩定理设计的直升机和飞行器械可以有多种形式,图 4.2.15 所示是四个平行主螺旋桨形式的在低速、低空中飞行的玩具式飞行器。

视频 4-5
小飞行器表演

图 4.2.12

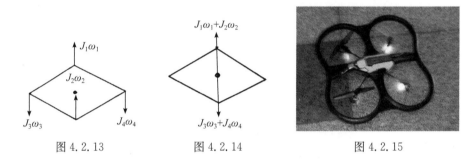

图 4.2.13　　　　　　图 4.2.14　　　　　　图 4.2.15

7.动量矩偶的概念

若在一个物体上的两个动量矩矢的大小相等、方向相反,且不在同一条直线上,则可称此物体上有动量矩偶(与力偶一样对应的称呼)。图 4.2.15 所示飞行器上有四个旋转体,就有四个动量矩矢,若存在两两动量矩相等且反向,则对照图 4.2.13 和图 4.2.14 可见有两对动量矩偶的形式,即 $J_1\omega_1$ 与 $J_4\omega_4$ 一对和 $J_3\omega_3$ 与 $J_2\omega_2$ 另一对,或 $J_1\omega_1$ 与 $J_3\omega_3$ 一对和 $J_2\omega_2$ 与 $J_4\omega_4$ 另一对。

动量矩偶有什么效应值得探讨? 它的度量用动量矩偶之矩表示,若画成矢量可用三箭头,也是按右手螺旋规则,记号用 LM,如图 4.2.16(b)所示,则图 4.2.13 和图 4.2.14 可表示在图 4.2.17(a)或(b)上。

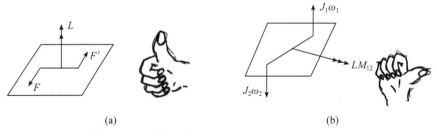

(a)　　　　　　　　　　　　　(b)

图 4.2.16

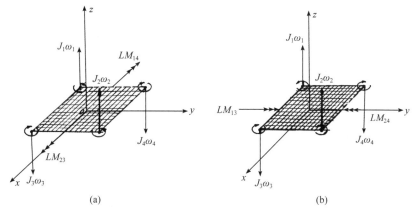

图 4.2.17

若图 4.2.17 中每对矢量 *LM* 大小相等、方向相反,即表示动量矩偶之和为零。飞行器平衡在空中,若动量矩偶之和矢量不为零,则飞行器会发生旋转,所以飞行器的运动取决于合成后的动量矩偶之和矢量的大小和方向。

8. 动量矩偶概念在飞行器控制中的应用

目前已有许多用在低空中飞行的低速飞行器,用于升空观察、摄影、运送等,如地震后山体滑坡观察、拍摄河道污染物情况、农田喷洒农药、快件空中发送、航模表演等,这类飞行器既要能升空,又要能变动姿态和左、右、前、后移动,便于定向前进或后退以及飞行。已见到的产品有六个旋转体的飞行器(图 4.2.18)和八个旋转体的飞行器(图 4.10.19)。

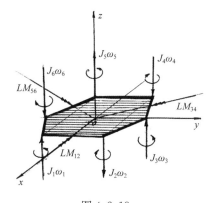

图 4.2.18

图 4.2.19

(1)以图 4.2.18 的六个旋转体飞行器为例,设各旋转体的转动惯量 $J_1=J_2=J_3=J_4=J_5=J_6$,若:

①各旋转体的角速度相同($\omega_1=\omega_2=\omega_3=\omega_4=\omega_5=\omega_6$),各旋转体的转轴互相平行,则各动量矩偶的各个矢量表示如图 4.2.18 所示,这些矢量的和为零。又各旋转体都有一个动量矩矢,它们之和也为零,即

$$\sum_{i=1}^{6} J_i\omega_i = 0$$

此时,这类飞行器可以是:

a. 在升力与重力相等时,飞行器平衡在空中。

b. 飞行器在空中竖直上升(升力大于重力)或竖直下降(升力小于重力)。

从图 4.2.18 还可以看出各动量矩偶之矢的和也为零。

②各个旋转体中有一个的角速度不等于其他五个(这五个角速度大小均相同,转向按设计的预定运转),则飞行器就会发生对应的转动和进、退,若飞行器中另一个角速度 ω_i 也变动了,则飞行器前进的方位也会不同。

(2)以图 4.2.19 的八个旋转体飞行器为例,它的动量矩矢及动量矩偶的矢表示在图 4.2.20 上,也可以有上述相类似的讨论。只要制作一个控制器来变动各旋转体电机的一个或几个转速(调节电位器),依托理论力学知识来指导遥控器的控制,则对于飞行器绕三个轴的转动和沿三个方向的运动等及其快、慢变化,就可以得心应手地操作了。

视频 4-6
各种飞行器表演

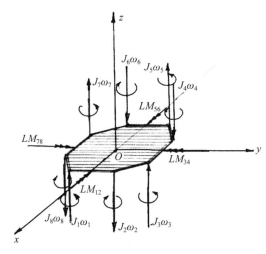

图 4.2.20

(3)图 4.2.21 所示的美国"太阳神"太阳能无人机,也是一种飞行器,它上面有 14 个旋转体,组成 7 个动量矩偶,这些动量矩偶之间的关系和平衡条件以及空中姿态变化的控制也是动量矩偶这个概念的应用。

图 4.2.21

4.2.7　能量的类型与转换

1.能量

能量是物质运动状态的一种度量。按物理学的方法分类,能量形式有电能、光能、风能、太阳能、波浪能、潮汐能、声能、动能、势能、变形能、核能、热能等。按化学的方法分类,其形式又有分子内能、化学能、生物能等。

上述那么多种能量形式,它们都可以从一种形式的能量,在一定条件下转换成为另一种形式的能量,这种转换几乎是等量的,这就可以为人类创新应用提供更多机会,特别是环保型(绿色)能量转换的创新应用空间很大,新应用实例会不断涌现,因此研究能量转换有重要的意义。

2.能量形式与它的转换实例

(1)环保型照明路灯

太阳能、风能并用的照明路灯,如图 4.2.22 所示,能量转换过程分别为:

太阳能→芯片→电能→芯片

风能→动能→电能→芯片 储存到充

电电池中,可以定时自动开亮路灯,也可以人工手动开亮路灯。

(2)用太阳能电池板作为能源的环保车辆

图 4.2.23 为将太阳能电板用在各种车辆上。

图 4.2.22

视频 4-7
路灯电动汽车等

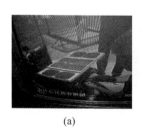
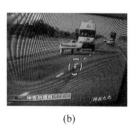
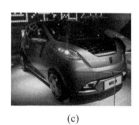

(a)　　　　　　(b)　　　　　　(c)

图 4.2.23

(3)机械动能转换成电能

图 4.2.24 所示手电筒,手来回摇动电筒时,由强磁铁(钕铁硼材料)制成的重块在导线内发生平动,其运动一次的动能为 $\frac{1}{2}mv^2$。磁铁穿过电筒内的线圈时,根据法拉第定理,因电磁感应而产生电流,磁铁的部分动能转换成导线中的电能。

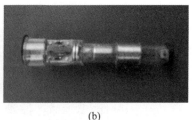

(a)   (b)

图 4.2.24

图 4.2.25 为无电池手电筒。使用者用手按捏活动手柄,通过棘轮和齿轮传动带动飞轮高速转动。这里有力矩做功 $A = \int Fr\mathrm{d}\varphi$,再通过齿轮传动的增速系统让飞轮带动微型发电机,将机械能 $\frac{1}{2}J\omega^2$ 的部分转换成电能 E,电流通过小灯泡使它发亮,电能又转换成光能。当然,每一个步骤里都还有能量损耗,主要是在各个转换环节中产生了热能。

视频 4-8
节能手电筒海浪
发电

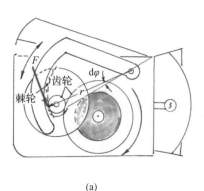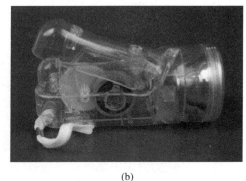

(a)   (b)

图 4.2.25

(4)海浪的动能与潮水涨落势能转换为电能

图 4.2.26 为一种潮水发电设备,海边涨潮、落潮时其都会发生转动,转动动能再转变为电能。

(5)水位势能或重力势能转换为动能

视频 4-9
潮汐能势能

图 4.2.27 为水力发电设备,它利用水位差使水往低处流,然后推动水轮机带动发电机发电。图 4.2.28 所示场景为 1945 年抗战胜利后,一位美国修船工程师上船修理时,不小心把一个螺旋弹簧掉在楼梯上,此

图 4.2.26

弹簧能一步步地往下走。力学家们认为,弹簧下楼梯过程也有能量转换(势能→弹簧变形能→动能)。

图 4.2.27

图 4.2.28

图 4.2.29 为儿童娱乐场中的一种过山车,其穿过长道向圆形轨道上升,爬到最高点,过山车再沿圆半径轨道滑下来,非常惊险。图 4.2.30 为啄木鸟在一直圆柱杆上一步一步下滑。

图 4.2.29

图 4.2.30

(6)热能转换为电能,再转换为动能

图 4.2.31(a)为热能转换为电能,将鞋靴中人的小腿上的热转变成电能,可供应随身所带手机的用电;图 4.2.31(b)为 2010 年上海世博会上展示的用手按图板,人手上的热传入图板变成电能,使小旋转轮转动,从而变为动能。

(a)

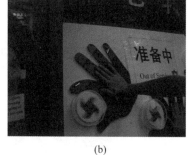

(b)

图 4.2.31

(7)机械能的转换——发条势能转换为动能

图 4.2.32 为天津火车站广场上一个大型机械钟,它可以将电能变为各针

(秒、分、时)运动的动能,也可以通过上发条的方式,使变形发条的势能变为动能。

图 4.2.32

(8)动能转换为变形能

视频 4-10
热能的转化

为了模拟交通事故或试验汽车的抗冲能力,研究者专门设计了汽车撞击试验,如图 4.2.33 所示。汽车用不同速度或从不同角度去撞击大质量的固定板,通过观察车辆损伤、变形等的程度,可了解它的动能转化为变形能的过程。

视频 4-11
动能转变成变
形能

图 4.2.33

(9)核能转换为电能的过程

图 4.2.34 和图 4.2.35 为核电站,核能转变的过程为:核裂变→热能→动能→电能。

图 4.2.34

图 4.2.35

4.3　动静法

通过引入惯性力的概念,达朗贝尔原理提供了研究非自由质点系动力学的一个新的普遍方法,即求解动力学问题的静力学方法。

4.3.1　什么是惯性力?

惯性不是力。惯性是物体保持原有运动状态不变的特性,而力的作用则是改变物体的运动状态;惯性是物体固有的属性,其大小只与物体的质量有关,与外界条件无关,而力的大小与许多因素有关,力只是物体与物体发生相互作用时才存在;惯性只有大小,没有方向和作用点,力则是由大小、方向和作用点三要素构成。那么什么是惯性力呢?

设想有一静止的火车,车厢内光滑的水平桌面上放有一个小球,小球也是静止的。火车开始加速启动,在地面上的人(惯性系中)看来,小球没有运动,但是在火车上的人(非惯性系中)看来,小球在做加速运动,方向与火车前进的方向相反。对小球进行受力分析,小球只受到了重力和支持力的作用,且这两个力在竖直方向上是平衡的,根据牛顿运动定律小球会保持原有的运动状态,即保持静止,但在火车上看,小球确实是在动。

这就是 4.1 节提到的,牛顿运动定律只适用于惯性参考系。在非惯性系中,若仍然希望能用牛顿运动定律,则需要做一些处理:在处于非惯性系中的物体上人为地加上一个与该非惯性系加速度数值相等、方向相反的加速度,因为这个“加速度”是由惯性引起的,所以将引起这个“加速度”的力称为惯性力,这样小球的运动就又符合牛顿第二定律了。

惯性力是指当物体有加速度时,物体具有的惯性会使物体有保持原有运动状态的倾向,而此时若以研究对象为参考系,并在该参考系上建立坐标系,看起来就仿佛有一股方向相反的力作用在研究对象上,令研究对象在坐标系内发生位移。

在非惯性系中牛顿运动定律不成立,所以不能直接用牛顿运动定律处理力学问题,若仍然希望能用牛顿运动定律处理这些问题,则必须引入作用于物体上的惯性力。惯性力作为一个数学工具,不是由物体的相互作用引起的,只有受力物体没有施力物体,另外,惯性力取决于参考系的选取甚至质点的运动,真实的受力则不依赖于参考系。惯性力只是在非惯性系中为了能沿用牛顿定律而引入的"假想力"。

无论是在惯性系还是非惯性系,都能观测到相互作用力,但只有在非惯性系中才能观测到惯性力。例如,我们常说的离心力就是一种惯性力,行驶中的汽车向左转弯,人会感觉到向右的"离心力"。车中的人直觉上认为自己所处的是惯性系,符合牛顿运动定律,那么唯一合理的解释就是自己受到了向右的离心力。用离心力来描述现象并没有错,这只是从更符合直觉的非惯性系的角度来分析而已,所以日常生活中我们常说离心力却不说向心力。

4.3.2 达朗贝尔原理

达朗贝尔原理是法国数学家和物理学家 J. 达朗贝尔于 1743 年提出的一个普遍原理,用于求解约束系统的动力学问题。根据这个原理,动力学问题可以通过转化为静力学问题来处理,这大大简化了某些力学问题的分析过程,并为分析力学的创立奠定了基础。

达朗贝尔原理:作用在质点上的主动力、约束力和它的惯性力在形式上组成平衡力系;作用在质点系上的所有外力与所有质点的惯性力系在形式上组成平衡力系。达朗贝尔原理的核心在于引入达朗贝尔惯性力,其大小等于质点的质量与加速度的乘积,方向与加速度方向相反。

从数学上看,达朗贝尔原理只是牛顿第二运动定律的移项,但原理中却含有深刻的意义,这就是通过加惯性力的办法将动力学问题转化为静力学问题。亦即所有动力学问题通过引入惯性力的概念转化成静力学中的平衡关系,而且求解过程中可充分使用静力学的各种解题技巧,一些动力学现象亦可从静力学的观点做出简洁的解释。这就形成了求解动力学问题的静力学方法,简称动静法。这种方法在工程技术中获得了广泛的应用。

在经典力学里,达朗贝尔原理中的惯性力和相对运动动力学中的惯性力并非同一意义。达朗贝尔惯性力的引入和相对运动动力学问题毫无关系,只是为了给动力学方程以静力学方程的形式,并利用由此产生的一切方便,而在相对运动动力学问题里引入惯性力,完全是为了要在非惯性系里研究质点的运动。

4.3.3 平衡的四个问题

为讲清楚动不平衡和如何实现动平衡,必须先介绍静力不平衡与静力平衡。

1. 静力不平衡

当一个轴类产品重心不在轴线上时,此轴就是静不平衡的,转动时还会产生惯性力。

当重心与轴心不重合时,带轴圆盘在 $\varphi=0$ 的位置能停住(即平衡),别的任何位置($\varphi\neq0$)都不能平衡(图4.3.1)。倘若轴以匀角速度 ω 转动还会产生惯性力 $F_1=me\omega^2$,e 为偏心距,m 为带轴圆盘质量,此时质心有向心加速度 $a_n=e\omega^2$,轴承在 z 轴

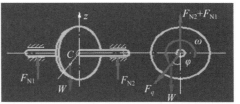

图 4.3.1

视频 4-12
轴流风叶与离心风叶

方向的附加动反力 $F_z=me\omega^2\cos\varphi$。因此,出现静力不平衡,一定是动力不平衡的。

图 4.3.2(a)为一种轴流风叶在做静平衡试验,图 4.3.2(b)为一种离心风叶在做静平衡试验。

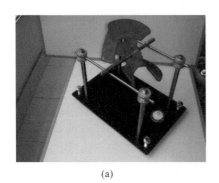

(a)

(b)

图 4.3.2

2. 静力平衡

如图 4.3.3 所示,对于短轴,当重心与轴心重合时,带轴圆盘在任何位置上均能停住,由于静止时系统的质心加速度为零,因此惯性力也为零。

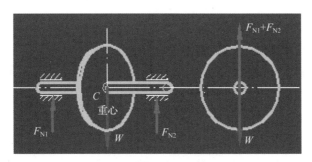

图 4.3.3

工厂中对一些产品(如安装在曲轴上的扭转减振器、磨床上的砂轮等),先设计一个特殊的测试架(图 4.3.2),从多次试验中找到偏心距和偏心重量(也可以用平衡机测出其联合作用,即离心力的大小和方位角),然后采用加工挖孔或调整附加重块等方法,调试到静力平衡为止。

3. 动力不平衡

如图 4.3.4 所示,整个轴的重心与轴的几何中心重合,满足静力平衡条件,但若分成两部分来分析,右半部分重心偏心距为 e_2,左半部分偏心距为 e_1,这种动不平衡问题可以是静平衡。当轴以匀角速度 ω 转动时,若惯性力 F_{I1} 和 F_{I2} 不相等,且组合成一个惯性主矢和主矩,会使轴承有附加动反力,这是动不平衡问题。因此,动力不平衡,不一定静力也不平衡;静力平衡,不一定动力也平衡。

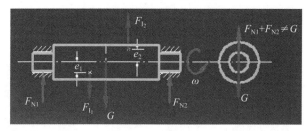

图 4.3.4

一个转子若多个截面上重心与轴心不重合,总体的重心与轴心也不重合,两端的轴承动反力不为零,则此轴类转子的惯性力系主矢不为零,主矩也不为零,转动时就出现动不平衡现象,如图 4.3.4 所示。有许多产品的动不平衡量及相位角是算不出来的,只有通过试验测试才能得到。

4. 动力平衡

如图 4.3.5 所示,虽然整个轴的重心与轴心重合,但是每一段轴的重心不在轴线上,当轴以匀角速度 ω 转动时,惯性力 $F_{Ii} \neq 0$,整个轴将发生明显的振动,振动频率的主要成分为 $f = \dfrac{\omega}{2\pi} = \dfrac{n}{60}$(单位为 Hz),这就是动力不平衡(图 4.3.5)。工程上要求转动系统的转速大于 750r/min 时,均必须进行动平衡。动平衡试验机的任务是通过测试,获得轴两端的动反力大小及方位角,再从相反方向挖去一定质量(钻、铣或磨),使得整个转子惯性力系的主矢为零,惯性力系的主矩也为零,达到动力平衡,从而达到减少或消除轴承的附加动反力的目的。

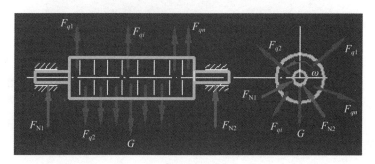

图 4.3.5

动力平衡技术用来使轴类产品总体的重心与轴心重合,支承轴两端的动反力接近于零,这样,当此轴高速旋转时,轴承不易损伤。满足动力平衡的转轴安装在电动工具上时,手柄振动量能控制在允许的量值(如加速度小于 $0.2g$)内。

4.4 虚位移原理

先来看一道经典的中学物理竞赛题。如图 4.4.1 所示,一个表面光滑、半径为 R 的半圆柱面置于水平地面上,上面放有一条长为 πR、质量为 m 的均匀链条,其两端刚好与两侧的水平地面接触。求此铁链中张力的最大值。

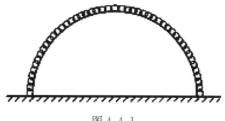

图 4.4.1

对于连续介质的平衡问题,中学物理一般使用小量分析方法。取铁链中的任意一小段来考察,则其受到上下两端的张力的差值就等于这一小段的重力沿此段切线方向的分量,因此小段上端的张力较大。由此可见,铁链内越接近于圆柱最高点处其张力值越大,圆柱的最高点处铁链的张力最大,最下端处的张力为零。将铁链自最高点处断开,取位于圆柱面右侧的半条铁链为研究对象,以一个力 F 沿水平向左的方向拉住此半条铁链,使其仍在原位置平衡,则此拉力 F 就等于原来左边铁链对右边铁链的拉力,其值即为铁链内张力的最大值。

对于质量为线分布的链条,令线密度为 $\lambda = m/(\pi R)$。如图 4.4.2 所示,取任一小段 Δl_i 来考察,受到四个力:重力 $\Delta m_i g$、柱面对它的弹力 ΔN_i、上下两小段对它的拉力 $F_{上i}$ 和 $F_{下i}$,此小段的圆心角为 $\Delta \theta_i$,下端半径与水平面的夹角为 θ_i,则有

$$F_{上i} - F_{下i} = \Delta m_i g \cos\theta_i = \lambda \Delta l_i g \cos\theta_i = \lambda g \Delta h_i$$

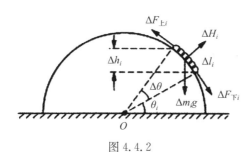

图 4.4.2

式中,$\Delta h_i = \Delta l_i \cos\theta_i$,为小段 Δl_i 在竖直方向上的投影。以 $1,2,3,\cdots,N$ 表示自上而下各小段的编号,则有 $F_{上1} = F$ 和 $F_{下N} = 0$,由于相邻两小段之间的拉力 $F_{下i}$ 和 $F_{上i+1}$ 是一对作用力与反作用力,大小相等、方向相反,因此

$$\sum_{i=1}^{N} (F_{上i} - F_{下i}) = F_{上1} - F_{下N} = F = \lambda g R$$

可以求得 $F = mg/\pi$。

　　上面是用力的平衡来进行求解,用力矩的平衡也同样可以求解,但过程同样比较烦琐,这里不再赘述。那么,有没有更方便、快捷的解题方法呢?

　　可以用功与能的关系来进行求解:设想圆柱右侧链条在拉力 F 的作用下缓慢移动了非常小的距离 Δx 后又达到平衡状态,在此过程中,链条上端拉力做功 $W=F\Delta x$,链条下端上升 Δx 后其重力势能增加了 $\Delta E=\lambda\Delta xRg$,根据机械能守恒定律有 $F\Delta x=\lambda\Delta xRg$,同样求得 $F=mg/\pi$。

　　为了确定处于平衡状态的物体所受的某个力,设想物体在这个力作用下发生微小的运动,根据这个力所做的功与物体能量变化的关系,有时可以很方便地求出这个力。这种方法其实就是用了虚位移原理的思路。

　　虚位移原理:受理想、双面、定常约束的质点系,其平衡的充分必要条件是,所有作用在质点系上的主动力对其作用点的虚位移所做的虚功之和为零,又称虚功原理。从运动中考察系统平衡,建立理想约束模型,引入虚位移,由主动力在虚位移上的虚功关系给出平衡条件,这是虚位移原理的特点和优势。

　　方法本身并不复杂,但是其中涉及的一些概念还是需要进一步地深入理解,首先就是虚位移的概念。

　　在国内工科院校使用面最广的哈尔滨工业大学理论力学教研室编写的《理论力学(Ⅰ)》第七版中是这样叙述的:"在某瞬时,质点系在约束允许的条件下,可能实现的任何无限小的位移称为虚位移。"而到了第八版,表述变为:"给定时刻,质点系任意两组可能位移的差称为质点系的一组虚位移。"概念的定义如此的不稳定,说明虚位移概念确实较难理解。

　　还可以找到更多关于虚位移的定义。在结构力学中,虚位移是指在外部力作用下,结构可能发生的无限小位移,这些位移必须是连续的,并且在结构边界上满足运动边界条件。在分析力学里,给定的瞬时和位形上,虚位移是符合约束条件的无穷小位移,由于任何物理运动都需要经过时间的演进才会有实际的位移,所以称保持时间不变的位移为虚位移。

　　上面这些定义,文字上的差别十分大,但确实都是在描述同一事物,那不妨从中找出具有共性的部分:虚位移是想象中的可能发生的位移,它只取决于当前时刻的位置和约束方程,而不对应一段时间间隔。

　　虚位移是假想出来的,是为了求解力学问题而假设的工具。虚位移只是空间位移,时间是固定的,它对质点或质点系的特性,如平衡状态、运动状态、能量等,不会带来任何影响。虽然是假想的,但虚位移必须满足系统的约束条件。

　　在定常约束(不随时间变化的约束,约束方程中不显含时间)条件下,虚位移和可能位移、实位移的约束方程相同,可以把虚位移视为可能发生却尚未发生的可能位移,实位移是众多虚位移中的一个。实位移是系统所发生的真实位移,当系统、约束、载荷和初条件给定后,实位移是唯一确定的。

　　理解了虚位移,其他概念就容易理解了。力在虚位移中做的功称为虚功。如果在质点系的任何虚位移中,所有约束力所做虚功的和等于零,称这种约束为理想约束。

若将摩擦力视为主动力,则虚位移原理可应用于非理想约束系统。当质点不脱离约束面时,也可用于单面约束系统。如解除约束并把约束力视为主动力,还可用来求解约束力。因此,虚位移原理在确定系统的平衡条件、解决简单机械的平衡问题、求解结构的约束力等方面有广泛应用,本书静力学部分 2.3.1 节、2.6.1 节、2.6.3 节的例子中就有使用。

4.5 综合应用实例

4.5.1 拳击机标定方法

1. 拳击机及力标定公式

图 4.5.1 所示的拳击机是一种智能健身设备。拳击过程是一种冲击和碰撞过程,其产生的力需要经过标定,才能采用先进的微电控制系统 LED 数码管准确显示出拳击力的大小。对图 4.5.2 所示的标定装置应用动能定理、动量定理和相碰物体的恢复因数定义等,导出计算拳击力的公式为

$$F_m = \frac{1}{9.8 t_0}(1+e')\frac{m_1 \times m_2}{m_1 + m_2}\sqrt{2 \times 9.8 \times l(1-\cos\alpha_1)}$$

式中,m_1 为标定铁球的质量,m_2 为拳击板与弹簧相连部分的质量,l 为摆绳的长度,α_1 为摆绳初始的角度。t_0 取试验平均值 0.04s,恢复因数为

图 4.5.1

$$e' = 0.8e = 0.8\frac{|u_2 - u_1|}{|v_1 - v_2|}$$

式中,v_1 为铁球碰撞前的速度,v_2 为拳击板碰撞前的速度,u_1 为铁球碰撞后的速度,u_2 为拳击板碰撞后的速度。e 为铁锤与拳击面之间的恢复因数,e' 为带手套的拳与拳击面之间的恢复因数。

$$v_1 = \sqrt{2gl(1-\cos\alpha_1)}$$
$$u_1 = \sqrt{2gl(1-\cos\alpha_2)}$$

在传统的教材中恢复因数仅与材料及相碰速度有关,而大量测试证明,它还与碰撞力大小有关,即随着拳击力的增大恢复因数减小。

2. 拳击水袋

用同样方法对多方位散打器(图 4.5.3)进行力的标定。与拳击机相比,拳击力水袋的不同之处在于它受打击力的方向是随机的,因而传感器应采用三向的,即合力 $F_R = \sqrt{F_x^2 + F_y^2 + F_z^2}$,或用液压薄膜压力传感器,它可显示每次任意方向的拳击力,再应用电脑显示屏实现累计叠加等功能,这发挥了力学在这个特殊产品研制中的作用。

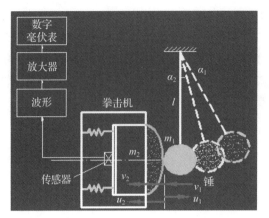

图 4.5.2　　　　　　　　　　　　　　　图 4.5.3

4.5.2　几种悬浮平衡

1. 磁悬浮

悬浮是个平衡问题,应用磁性材料的同性相斥和异性相吸原理可做成各种装置应用到工程实际中,如磁悬浮火车、磁悬浮直线振动电机的剃须刀等(图 4.5.4)。

磁悬浮列车驱动原理

列车与轨道之间不产生摩擦,
运动光滑,实现超高速运动

上海磁悬浮列车

剃须刀磁悬浮马达驱动原理

永久磁石
电磁石

驱动源与内刀头之间无接点,
不产生摩擦,实现超高速运动

磁悬浮直线电机剃须刀

图 4.5.4

磁性材料的极性有 N 极与 S 极,特性是同性相斥,异性相吸。

磁性材料的品种较多,近 20 年来出现和发展起来的稀土钕铁硼材料,它的磁性强度比过去铁氧体大 15 倍,因此,无线电喇叭、手机中接收电波的耳机可以实现尺寸大大减小,现代手机体积仅是过去"大哥大"的十分之一甚至更小。

列车的悬浮是应用同性相斥,列车的前进则是利用异性相吸。设计相应的控制系统,把几个功能协调好,就实现了磁悬浮列车的正常运行。

剃胡须的机理是剪切,利用磁悬浮原理,设计成采用直线振动电机的新型剃须刀,它的特点是节能和低噪声。

2. 气悬浮

飞碟与直升机类似,靠螺旋桨高速旋转产生竖向的风速 V(图 4.5.5),当与此风速 V 的平方成正比的升力 $F_{升}$ 大于飞碟重力 G 时,飞碟就上升;若此升力 $F_{升}$ 等于飞碟重力 G 时,飞碟就悬停在空中。

飞碟要设计制造成可控上升和下降,当升力大于重力就上升。升力是从旋转桨叶产生大速度的气流而来的,螺旋桨的旋转部件动量矩为 $J_1\omega_1$,无外力矩时,动量矩应守恒,则飞碟外部装置必须发生反向转动,产生 $J_2\omega_2$,它们应相等,即 $J_1\omega_1 = J_2\omega_2$。

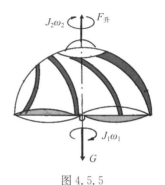

视频 4-15
有双叶的气球

图 4.5.5

3. 声悬浮

声悬浮是一种创新技术,它的概念和实施应用均很复杂,图 4.5.6 为西北工业大学的研究成果图示。某些昆虫在某种频率下会悬浮在空中,不上去也不下来,构成一种平衡状态,给捕捉带来了方便。

图 4.5.6

4.5.3 离心惯性力的应用

图 4.5.7 所示的压路机的滚轮内装置有旋转的偏心块,这样可产生竖直方向的离心惯性力 $F_1 = mr_C\omega^2\sin\omega t$,式中 m 为偏心块质量,r_C 为偏心距,ω 为偏心块旋转角速度。这时被压面受到的力除了压路机重力外,还有离心惯性力。

图 4.5.7

振动压路机有单轮振动和双轮振动两种,它们比无偏心块的压路机效率高、压实路基的效果好,因此完全靠自重压路的老式无振动的压路机已逐渐被淘汰了。

旋转体偏心块的质心处有向心加速度

$$|a_C^n| = r_C\omega^2$$

当此偏心体旋转时就有离心惯性力

$$|F| = m \cdot r_C\omega^2$$

图 4.5.8 为蛙式打夯机,它通过电机经皮带传动使有偏心块的轴发生转动,应用偏心块的离心惯性力锤击地面,压实基础。这种设计与将偏心块直接装在电机轴的两端相比,更有利于保护电机和电机两端的轴承。

蛙式打夯机
偏心轮质量20kg 转速100r/min
偏心距20cm

图 4.5.8

图 4.5.9 为蛙式打夯机的动画制作,根据给定的数据可以用下式计算离心惯性力:$F_1 = me\omega^2 = 20 \times 0.2 \times \left(\dfrac{100 \times 2\pi}{60}\right)^2 \mathrm{N} = 438\mathrm{N}$,相当于用质量为 44.7kg 的锤不断打击地面,夯实效果显著。

图 4.5.9

　　印度飞饼的制作过程应用了惯性力原理。将飞饼在头顶上空旋转,利用离心惯性力的作用,使飞饼变薄变大,再将制成的大圆形薄片加上配料包制,油炸后切成块状,美味可口,如图 4.5.10 所示。

　　如图 4.5.11 所示,洗衣机甩水器高速旋转时,可将所洗衣物内的水压挤出来。

图 4.5.10

图 4.5.11

　　图 4.5.12 为一种小型按摩器,其由弹簧和旋转偏心轮等组成。

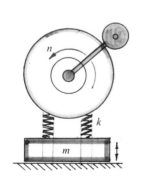

图 4.5.12

　　许多按摩器的原理是应用受迫振动的“共振”,激振源是带偏心轮的电机,它的转速是 $n(\text{r/min})$,电机安装的弹性支架可简化为弹簧,刚度为 $k(\text{N/m})$,振动体质量为 $m(\text{kg})$,设计准则是激励圆频率($\omega = n \times 2\pi/60$)接近或等于固有圆频率 $\omega_n = \sqrt{k/m}$,即 $\omega \approx \omega_n$。

4.5.4　振动产生优美动听的音乐

乐音的高低是由发音的振动体在一定时间内振动的频率决定的,振动频率高,则音高;振动频率低,则音低。音的高低与振动的频率有着如表 4.5.1 所示的对应关系。从表 4.5.1 还可看出低音与高音之间也有倍频关系,如 C^1 ∶ C = D^1 ∶ D = 2 ∶ 1。

表 4.5.1　十二平均率音名与频率的对应表

音名	C	D	E	F	G	A	B	C^1	D^1	E^1	F^1	G^1
简谱名	1	2	3	4	5	6	7	1	2	3	4	5
频率/Hz	130.81	146.83	164.81	174.61	196.00	220.00	246.96	261.63	293.66	329.63	349.23	391.99

1.吉他琴的弦振动(图 4.5.13)

图 4.5.14 为一琴中张紧的弦示意图,两端固定,设弦作微幅横向振动,弦的张力为 F,某瞬时变位曲线为 $v(x,t)$,单位长度弦的质量为 ρ,则弦横向振动的微分方程为

$$\rho \frac{\partial^2 v}{\partial t^2} = F \frac{\partial^2 v}{\partial x^2}$$

或

$$\frac{\partial^2 v}{\partial t^2} = a^2 \frac{\partial^2 v}{\partial x^2}$$

式中,$a = \sqrt{F/\rho}$。

视频 4-18
吉他琴弦振动测试仪

视频 4-19
各种屋架斜拉桥等拉索力测试

图 4.5.13

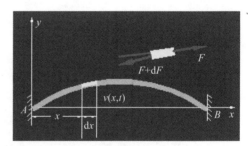
图 4.5.14

上式在数学中称为一维波动方程。从上式可以求出弦的振动频率为

$$f_{ni} = \frac{ia}{2l} = \frac{i}{2l}\sqrt{F/\rho} \quad (i=1,2,\cdots)$$

即各阶频率与 F、ρ、l(相应弦长)有关,如果 l、F、ρ 的数值使上式 f_{ni} = 130.81Hz,这时的声音就是1。演奏者按照乐曲进行有序的弹奏(即按序发生不同频率的弦振动),就组成一首优美动听的乐曲。

对一些长索,如斜拉桥上用的斜拉索,它的力学模型是两端固定的张紧弦,从上式的逆问题,只要知道 f_{n1}、ρ、l 就可以算出索的拉力 F,即 $F = 4l^2 f_{n1}^2 \rho$。

2. 八音琴的梁振动

图 4.5.15 所示的八音琴,它由数十个零件组成(图 4.5.16),奏鸣过程为:利用发条弹簧带动音筒旋转,把势能转换成动能,再利用音筒上的凸点来拨动音片上的音键,使音键(其中一个)振动而发出乐声。由于音键几何尺寸不同,振动的固有频率不一样,振动产生的乐音就各不相同。按照不同的乐谱来进行谱曲设计,即制作音筒的凸点分布,使音筒旋转时以特定的次

视频 4-20
各种八音琴表演

图 4.5.15

序和时间间隔拨动音片上的各个音键,人们听到的就是一首优美动听的乐曲。

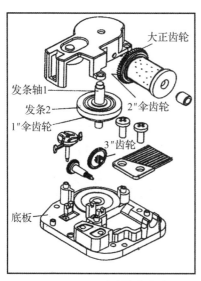

(a) 3YB2型八音琴的装配图

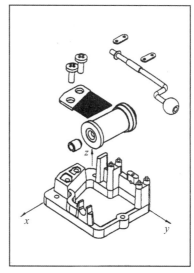

(b) 手摇八音琴装配图

图 4.5.16

3. 汽车喇叭的膜振动

图 4.5.17 为汽车上用的蜗牛电磁喇叭,其结构主要有喇叭筒、振动膜、线圈等。其工作原理是按下电喇叭的按钮后,电路接通,喇叭电磁线圈中即流过直流电,使激振点处的铁芯磁化,同时吸下衔铁,此时中心杆上的调整螺钉压下浮动触点臂,使触点分开(造成间隙)切断电路,铁芯磁力消失后,衔铁又回到原位,触点重新闭合,电路再次接通。这样,电流时断时通就产生振动,振动产生的声波传入人耳,这就是喇叭的声音。触点臂与触点的间隙越小,激励频率越高;间隙越大,激励频率就越低。也就是调整不同的间隙,喇叭将受到不同的受迫振动频率激励而产生不同的声响。因此,喇叭膜片的振动是受迫振动。

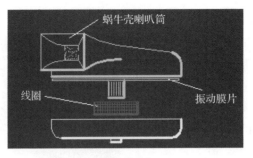

图 4.5.17

喇叭膜片自由振动的固有频率计算公式为

$$f_n = \frac{1}{2\pi} \frac{\beta a_{js}}{R^2} \sqrt{\frac{Eh^2}{12(1-\mu^2)\rho}}$$

式中，E 为弹性模量，ρ 为密度，h 为厚度，μ 为泊松比，R 为膜片半径，a_{js} 为周边固定的振型常数，下标 j 为节圆直径数，下标 s 为节圆数，β 为边界系数。

图 4.5.18 所示喇叭膜片用不同频率激励扫描，得图 4.5.19 所示的声压与频率曲线，几个高峰显示了对应各阶固有频率的声压最大值。这个曲线表示喇叭膜片的频率响应特性。图中黑线表示一只正品喇叭膜片的频率响应特性；虚线表示一只不合格喇叭膜片的频率响应特性。

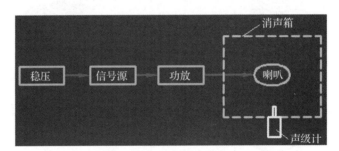

图 4.5.18

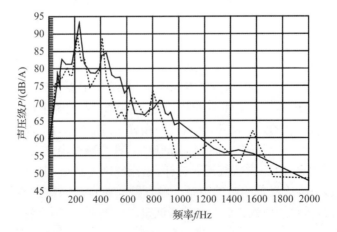

图 4.5.19

　　若激励频率与膜片某阶固有频率接近,则喇叭将发生某阶共振,此时声响相对最大。

4.5.5　隔振理论及各种隔振器

1. 隔振与减振

　　振动控制的目标,就是要发挥振动规律的理论指导作用,让人们充分利用这些理论,并不断开拓创新,充分利用振动特性提高生产率,或者对某些情况下的振动进行控制,减少对环境的污染(振动、冲击、噪声),使人或生物体减少损伤,使环境更加安全舒适,延长重大工程的使用寿命和提高可靠性。

　　常用的隔振措施可分为主动隔振和被动隔振两类。第一类是将振源与地面隔离,避免或减少振源的振动传递到周围的物体上去,这就是主动隔振。例如减少压气机、水泵、冲床等机器振动过多地传递到基础上去。另一类是将需要保护的仪器、仪表或精密设备甚至建筑物与振动源隔离,这就是被动隔振。

　　隔振的基本方法是在机器与地基(或支承机器的结构物)之间放置一些合适参数的弹性物体(如橡胶减振器、聚氨酯减振器、钢丝绳减振器、软木、毛毡或金属螺旋弹簧等),或者把机器直接固定在一块基础上,在基础与地基之间适当放置一些弹性物体,也可以用弹性绳索把仪器悬挂起来(如立式滚筒洗衣机的滚筒、发电厂的汽轮机管道等是被弹簧悬吊着的)。

2. 主动隔振

　　一个自身发生振动的机器如图 4.5.20 所示。它的简化模型如图 4.5.21 所示,由机器传给地面上的交变力有两部分:弹簧力 $F_s = kB\sin(\omega t - \varphi)$ 和阻尼力 $F_d = c\dot{x} = cB\omega\cos(\omega t - \varphi)$,式中 B 为力幅,由于此两力相位差为 90°,所以可用矢量相加合成为一合力 F_R,其最大值为

$$F_{Rmax} = kB\sqrt{1 + 4\zeta^2\lambda^2}$$

式中,ζ 为阻尼比,$\lambda = \omega/\omega_n$ 为频率比。

图 4.5.20

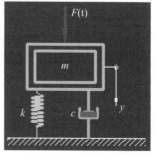

图 4.5.21

视频 4-21
振磨机要装减振器

定义力的隔振系数,即力传递率公式为

$$\beta=\frac{F_{\mathrm{Rmax}}}{H}=\sqrt{\frac{1+4\zeta^2\lambda^2}{(1-\lambda^2)^2+4\zeta^2\lambda^2}}$$

式中,H 为激振力的力幅。

将 β 与 ζ、λ 之间的关系画成曲线,如图 4.5.22 所示。

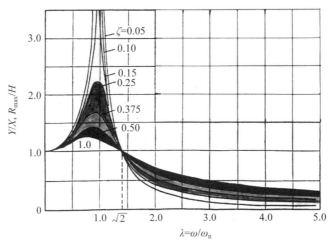

图 4.5.22

3. 被动隔振

当地面的振动会影响精密仪器或设备时,可采取隔离的措施。它的简化模型如图 4.5.23 所示。这时隔振对象的振幅为 Y,它与地基振动的振幅 X 之间的比值为位移传递率

$$\beta=\frac{Y}{X}=\sqrt{\frac{1+4\zeta^2\lambda^2}{(1-\lambda^2)^2+4\zeta^2\lambda^2}}$$

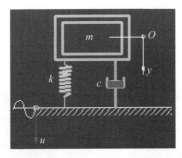

图 4.5.23

上式与力的隔振系数完全一样,所以两种隔振形式只需画成一张 β 与 λ 之间的关系曲线图(图 4.5.22)。有时候,可以把此图的横坐标画成对数坐标;有时候还可以把上式设定一个 ζ,把 β 与 λ 之间的关系列成一个表格。

4.各种减振、隔振的实例

（1）压缩机、风机、水泵等设备均必须安装隔振器，各种隔振器如图 4.5.24 所示。

图 4.5.24

（2）土木建筑结构物的抗地震用隔震支座如图 4.5.25 所示。图 4.5.26 为四川芦山人民医院，由于建造时用了隔震支座，2013 年 4 月发生七级地震没有使它损坏。图 4.5.27 为北京西亚工程，全面用了隔震支座。近年来采用隔震支座的桥梁也越来越多，实践证明，对桥梁减振后，可延长大桥和桥墩的寿命。

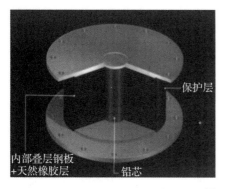

视频 4-22
国内外各种隔振
支座的应用

图 4.5.25

图 4.5.26

图 4.5.27

（3）管道系统减振用波纹管或膨胀节，如图 4.5.28 所示。

图 4.5.28

（4）地铁轨道用减振器，如图 4.5.29 所示。

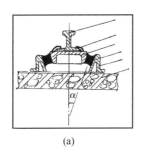  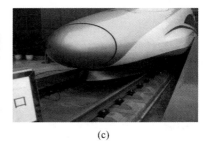

(a)   (b)   (c)

图 4.5.29

4.5.6 玩具动力学

1.玩具文化

人类的生存与发展，除了需要进行生产劳动外，还需要另外一个重要内容——玩（或休闲）。玩具与人类同步地诞生和发展。

如今，玩具种类繁多，且不断在创新，玩具已成为一种文化。从简单的折纸、搭积木到高科技的无线遥控、声控、光控的直升机、飞碟甚至机器人踢足球、跳舞，等等，玩具带给人们无限的惊奇和欢乐。

从理论力学角度来观察、分析玩具，可以发现充分应用牛顿定律及其发展的定理和概念的玩具很多，初步调查有数百种（有陆上的、水中的和空中的），这里选择几种典型的作为教具（见视频 4-23）。玩具体积小，重量轻，真实性强，作为教具表演可使讲课更生动；损坏时，易修理，配件或整体都可以买到；生产量大、价格便宜、多姿多彩有动感；让学生演示、观赏可使其更容易弄懂和掌握某个力学原理等。因此，适当选择与理论力学对口的玩具作为教具，已日益引起教师们的重视和受到学生的欢迎。

力学是文化，玩具也是文化，这两种文化的巧妙融合，给力学工作者和教师

视频 4-23
水上的地上的空
中的各种玩具

在力学原理的应用和讲解方面带来了很多方便，也带来了很多欢乐。

2.玩具的动力源

(1)电动机为动力源

电动机有很多种类。按大类分，有交流、直流；按运动形式分，有旋转型、直线型；按特性分，有伺服、步进、低速、高速等多种。无论哪一种都可以使玩具动起来，故称为动力源。电机都有功率、力矩（或力）、转速（或线速）三者的关系和效率问题，它们的基本关系是从理论力学的动能定理中推导出来的，测试方法在后面第 6 章中有介绍。

(2)发条储存势能为动力源

一些小型玩具，通过用手扭转发条，利用力矩做功，让发条储存一定的变形势能，再慢慢释放并推动玩具完成预设的动作，这就是把发条势能转换为动能。

3.玩具运动形式

可动的玩具有千万种，表现的运动形式有平动、转动、平面运动、合成运动等，都是理论力学中分析过的，这些基本运动形式的组合可以表演出千姿百态的动作，再加上声（音乐芯片）、光（闪动）的组合后，受到各年龄段人们的喜爱。前面几章有一些介绍，这里列出几种（见视频 4-23）。

第 5 章

演示与实验

理论力学课程涵盖了各类力学原理,与实践和创新息息相关。这些原理在日常生活和科技发展中得到了广泛应用,包括但不限于工具的设计、魔术现象的解释、工程结构设计、无人机与机器人技术等。通过实物演示的方式,学生能够直观地了解理论力学知识,并将其融会贯通到实际应用中,将有助于学生更好地掌握知识,并为未来的应用打下坚实基础。

5.1 工程力学强基实验室

2021 年,教育部决定在浙江大学开设工程力学强基专业班,我们为此开始搭建一个新的实验室。这个实验室的起源可以追溯到 20 世纪 50 年代,当时我们着重于理论力学教学工具的设计与应用、创新应用与演示,以及力学学科的交叉与拓展。在这个基础上,我们经过整理和增加内容,目前实验室已具有非常明显的特色。实验项目:我们已经建立了 12 个以理论力学为主的实验项目,这些实验旨在让学生亲身体验力学原理。实物演示:实验室中有 30 个能够演示力学功能原理的实物,通过这些展示物,学生可以更加直观地理解力学的工作原理。教学工具和实物:我们收集了 100 个与理论力学、材料力学、流体力学、振动力学等基础力学课程中涉及的名词和概念相对应的工具和实物。这些教学辅助工具让学生能够看得见、摸得着,真正实践了"百闻不如一见"的教学理念。这个实验室的建设不仅有助于加深学生对理论力学的理解,也为他们提供了一个更具体、更实用的学习环境。通过实际操作和观察,学生能够更好地掌握力学知识,从而更好地应对未来的学术和职业挑战。

实验室内分模块布置有:1) 展示前辈留下的科学原理的教学模型,和练基本功做理论力学习题卡一千道,英文打字机、计算尺、计算器(图 5.1.1);2) 一些材料力学应力内涵模型(图 5.1.2);3) 钱学森 1957 年讲水动力学的手稿,流体力学主要概念(图 5.1.3);4) 减振器与抗震机理演示(图 5.1.4)、TMD(图 5.1.5)、TLD 实验表演等;5) 理论力学多功能实验台和摩擦因数测试仪(图 5.1.6,5.1.7);6) 功率、力矩、转速关系测试(图 5.1.8);7) 单摆群表演(图 5.1.9);8) 3D 广义坐标打印机(图 5.1.10);9) 音乐、弦振、梁振、电唱机和八音琴(图 5.1.11);10) 魔术中的力学(图 5.1.12);11) 玩具中的力学与无人机(图 5.1.13,图 5.1.14);12) 电机产品的疲劳试验(图 5.1.15);13) 基础力学著作(高教出版社出版)四册与教学、科研资料 PPT 100 件(图 5.1.16)。这些演示、展示、实验均有助于加强力学的基础知识、基本概念的学习与训练和基本功的深刻掌握,能适应贯彻立德树人教育方针的需求。

图 5.1.1

图 5.1.2

图 5.1.3

图 5.1.4

视频 5-1
钱学森讲水动力
学手稿

图 5.1.5

图 5.1.6

图 5.1.7

图 5.1.8

图 5.1.9

视频 5-2
TMD 和 TLD

图 5.1.10

图 5.1.11

图 5.1.12

图 5.1.13

视频 5-3
理论力学多功
能台

视频 5-4
动滑动摩擦仪

图 5.1.14

图 5.1.15

图 5.1.16

视频 5-5
强基实验室全景

5.2 张拉结构的平衡与涡振

索只能受拉力(或称张力),杆件既能受拉力,也可受压力。本节中组装成的各个结构均有三根索,它处于平衡,这些索必然经受拉力。

视频 5-6
网上传播的一种
结构

近年来网上传播的一种由三根拉索组成平衡的结构为典型的张拉结构(图5.2.1),见视频 5-6。其由两段刚性的支撑结构和三根拉索组成。其中支撑结构是整个张拉结构的基础,通常由混凝土、钢结构、木材等硬质材料组成,支撑结构的设计需要能够承受整个结构的荷载,并提供支持和固定的功能,它具有一定结构刚度,能够承载压力。三根拉索是该结构的关键组成部分,可以由绳索、钢缆等组成,用以承载拉力。三根拉索需要分布在结构的关键位置上,形成一个平衡的三角形或其他几何形状布局。三拉索结构的力学现象与概念清楚明晰,各结构的受力情况如图 5.2.2、图 5.2.3 所示。从受力图分析可知,载荷作用点可以有一个范围,各索张力在不同状态大小也有相应的变化,但三绳索必须均为拉力。

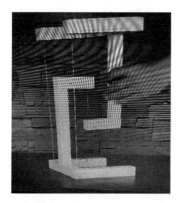
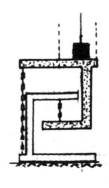
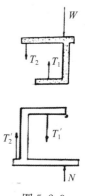

图 5.2.1   图 5.2.2   图 5.2.3

5.2.1 让学生动手制作三拉索结构

我们曾给学了理论力学的学生一些原材料(筷子、胶水、绳子),他们能做出五花八门的各种力学静定、静不定的空间结构(图 5.2.4、图 5.2.5、图 5.2.6)。这些结构的力学概念清楚,应用广泛,教师带入课堂作为教具使用也有价值。

图 5.2.4   图 5.2.5   图 5.2.6

　　为了携带方便,以供理论力学教师投入教学中使用,我们利用两个节点用锥形孔插入方式固结,将三拉索张拉结构做成了便于携带的装配式和拆装式的稳定结构(图 5.2.7、图 5.2.8),见视频 5-7。

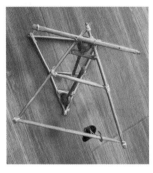

视频 5-7
一种空间结构如
何拆装

图 5.2.7　　　　　　　　　　　　图 5.2.8

　　通过三拉索张拉结构的学习,衍生出对张拉结构的认识,可以发展出具有创新性的复杂张拉结构,从而实现多种具有稳定性的结构和功能(图 5.2.9、图 5.2.10、图 5.2.11)。

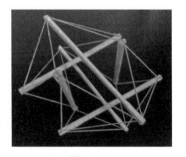

图 5.2.9　　　　　　图 5.2.10　　　　　　图 5.2.11

　　现实生活中,三拉索张拉结构也可以做成多种应用的形式(图 5.2.12、图 5.2.13)。

图 5.2.12　　　　　　　　　　　　图 5.2.13

5.2.2　三拉索张拉结构的振动及稳定性

2020 年 5 月 9 日，广东虎门悬索大桥进行维护修理，为了施工方便和安全，对桥上交通要做适当限制，桥两边放置了"水马"，改变了整个桥的空气动力学特性，引起一侧气流旋涡的时间间隔发生变化（图 5.2.14），使桥的某阶振动固有频率与气流涡的激励频率接近，从而发生目视可见的振动（称涡振），见视频 5-8。这种涡振现象同样可见于三拉索张拉结构中，我们通过外加可以调速的气流，结构在特定的气流速度下会发生周期性的振动，这种涡振见视频 5-9。

视频 5-8
涡振的产生

视频 5-9
三线结构在风激励下发生涡振

图 5.2.14

在实验中，当结构处于稳定平衡时，三拉索张拉经受小的扰动而不翻倒，将会发生线性振动，可用秒表测周期，得到整体结构对应的固有频率（图 5.2.15）。

图 5.2.15

5.3　操作灵活多变的工程车

脚手架和长短臂起重机的组合在工程施工中被广泛使用，这不仅是常见的，而且在提高效率方面也是必不可少的。特别是在一些需要迅速完成工程施工的项目中，我们看到了一种新型的车载装置。这个装置可以完成升降、移动、起吊和行驶车的任务，非常适用于在高而宽（约 15m）的墙面上安装预制结构板以及进行装修等工作。设计、制造、配置、装配、维修该装置需要涉及理论力学的概念和计算。例如，铰链约束、二力杆件、可变长度可控的二力杆件、液压元件、四连杆机构、多刚体力学、摩擦自锁与刹车、平衡防翻倒、弹簧减振、杠杆原理等。此外，它还需要涉及材料力学的弯曲、剪切、拉压、稳定性以及构件的强度和刚度计算等方面的知识。

5.3.1　三臂空间结构工程车组成

图 5.3.1、图 5.3.2 所示的工程车三臂空间结构可绕 x 轴、y 轴、z 轴转动，最前端的箱斗或工作台可站工人或装运输物料，或停留在空间各个位置上施工。虽然三个主臂（共长 $l_1 + l_2 + l_3$）的端点可在球半径的半球体空间到位，但受不能翻倒的约束限制，某些半球体内的空间内工作台框架是不可以进入的，翻斗或工作台可使用空间仅在一个不会使吊机翻倒的近似大立方体内，从这一位置优化地（路径优化、时间优化等）移动到另一位置。三种工作状态见示意图 5.3.3。

视频 5-10
三臂模型的运动

图 5.3.1　　　　　　　　　　　图 5.3.2

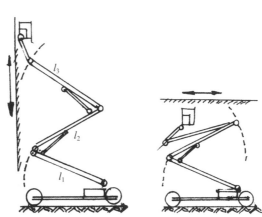

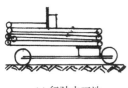

(a) 行驶去工地　　　　(b) 变高度（升降）施工　　　(c) 等高度施工

图 5.3.3

5.3.2　三臂多自由度结构的理念应用与拓展

三臂多自由度结构广泛应用于工业、医疗等应用场景。在工业领域,其可以用于自动化制造、装配和加工任务。由于具有多个自由度,它们可以在复杂的工作环境中执行灵活、高精度的操作。例如,在汽车制造中,它们可用于焊接、喷涂、组装等任务。图 5.3.4 所示是一种机器人凿岩机的自动悬臂。

图 5.3.4

视频 5-11
牙科医生的手术灯

在医疗领域,三臂多自由度结构的机器人被广泛应用于手术操作。这些机器人可以完成高度精确的手术操作,通过小孔手术技术进入患者体内,减少了创伤和术后恢复时间。医院理疗室的艾灸吸气机的多功能臂:因为艾灸位置因人而异,吸气口要在病床之上一个大空间内并可以停留在各个位置进行吸气,所以三臂吸气机深受欢迎(图 5.3.5)。另外,多臂可调节红外线灯架(图 5.3.6)、牙科医师的照片灯和手执的磨头(见视频 5-11)等也是三臂多自由度结构的应用。

(a)　　　　　　(b)　　　　　　(c)　　　　　　(d)

图 5.3.5

图 5.3.6

5.4 工具和装置的力学灵感

在用劳动改造世界的过程中,人们应用工具(手动或机电装置、智能控制设备系统等)不断提高生产效率和生活品质。应用现代科学技术知识(力学、电学、光学、微电子学等)的工具多种多样,这里仅把主要应用力学基础知识研制的一些典型工具收集、分类总结,图示介绍出来,以彰显力学智慧的应用魅力,有助于教学感知,让力学内涵看得见、摸得着。

5.4.1 产生力偶矩、力螺旋、合力的工具

在理论力学的空间任意力系向一点简化中,有三种可能的结果,就有三种对应的工具。一是力偶矩,见图 5.4.1 所示各种扳手;二是力螺旋,见图 5.4.2 所示的各种旋凿和螺丝刀;三是合力,见图 5.4.3 所示的各种二力杆件。

视频 5-12
简化为力偶矩的扳手

图 5.4.1 　　　　　图 5.4.2 　　　　　图 5.4.3

视频 5-13
简化为力螺旋的各种旋凿小螺丝

视频 5-14
简化为合力的二力杆与变长度的减振器

5.4.2 产生剪切力的工具

剪切是材料力学中的重要概念,应用杠杆原理的工具使小的力变为大的力,大力那一端有两个力,一个力向上,另一个力向下,它们的缝很小就产生了剪切力。见图 5.4.4 所示的剪刀、刀口钳、大力钳等。

视频 5-15
各种剪刀刀口钳大力钳

图 5.4.4

5.4.3 产生冲击的锤或榔头

冲击作用产生的力很大。人们用锤或榔头进行有速度的锤击,动量转换为冲量,其对物体的作用力很大(图5.4.5)。

视频5-16
榔头锤击

图5.4.5

5.4.4 使作用力放大的剥壳工具

许多食品及用品,需要较大作用力才能剥开或压扁,这就要用到图5.4.6所示的瓜子钳、核桃剥壳钳和夹砖钳等。

视频5-17
核桃剥壳过程

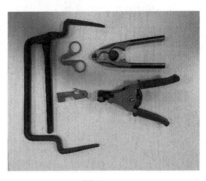

图5.4.6

5.4.5 小型加工机械

图5.4.7为绕线机。在许多变压器、电机的矽钢片之外,要套上确定圈数的线圈。应用齿轮和蜗轮蜗杆两种传动,再加上计数器,就可制造出额定规格的漆包线绕的线圈。

图5.4.8为鞋套机,用于给人自动套上鞋套,从而使人不脱鞋就可以进入干净的房间。人们只要把脚伸进鞋套机中去踩一个机构,其就发

视频5-18
绕线机制线圈

图5.4.7

生作用使这只脚的鞋套套上,再同样动作就可以套上另一个鞋套。

图 5.4.8

5.4.6　压延机

在理论力学教材里,应用摩擦输送、热轧钢板的压延机如图 5.4.9 所示。在橡胶厂对生胶进行开炼、冷压,生活中用的馄饨皮子机(图 5.4.10)应用的都是同一原理。

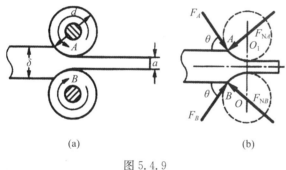

(a)　　　　　　　　(b)

图 5.4.9

图 5.4.10

5.4.7　高铁车顶上的"受电弓"

图 5.4.11 所示是高铁车厢顶上引入电源的一种机构,其几经改进,充分应用力学原理才设计成型,使用可靠,见视频 5-21。

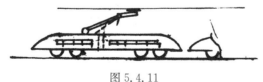

图 5.4.11

5.4.8　其他各类电动工具

锯、磨、铰、钻、切削等工具,各地五金市场上均有售。可以看到品种很多,都是充分利用了力学原理。

5.4.9　应用多种力学原理实施按摩的器具

对点穴按摩用到动力学的振动器；对胫部揉捏要利用运动学中的两凸轮传动，使间隙大小变化；对腿部按摩可用压气机进行周期性压气。这三种按摩用品见图 5.4.12。

5.5　用到力学原理的魔术

属于力学科普的魔术必须交代清楚三个问题：第一是用到什么力学原理；第二是用什么道具；第三是表演时的操作手法（或技巧）。

5.5.1　钢环进入铁链的喜结良缘魔术

图 5.4.12

1. 第一种表演方法

钢环受冲量作用，使它的动量矩发生突然变化。此魔术的道具只需一个小钢圆环和一根钢链子。表演者左手撑起链子，右手将圆环自下而上套在链子外，尽量到高位置处，如图 5.5.1(a)所示；首先上下移动圆环以示链子无法套住圆环，让右手中指第一节突出一些，从而能让圆环在跌落过程与之相碰一下（受冲量），突然释放圆环后，圆环有动量矩作用，链子瞬间套住圆环，如图 5.5.1(b)所示。表演过程见视频 5-22。

视频 5-22
喜结良缘表演

（a）

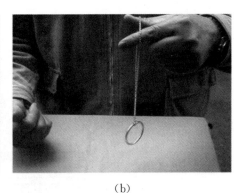

（b）

图 5.5.1

这种操作表演方法用到冲量使动量矩发生变化，可分为三个阶段来分析。

第 1 阶段：圆环自由地平动下落，下落距离为 h_1，如图 5.5.2(a)所示（1.3～3cm）。

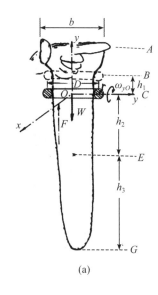
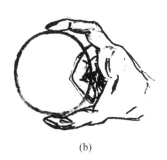

图 5.5.2

第 2 阶段：圆环与中指凸出的小关节发生瞬间碰撞，如图 5.5.2(b)所示，因作用时间极短，碰撞过程中圆环的位移忽略不计。中指小关节对圆环质心的冲量矩为 $S \times D/2$，其中 S 为冲量，D 为圆环的平均直径。根据对质心的动量矩定理，碰撞结束时刻圆环的动量矩为 $J_y \omega_{yO} = S \times D/2$，其中，$J_y = m\left(\dfrac{D^2}{4} + \dfrac{5r^2}{4}\right)$，是圆环绕水平直径轴的转动惯量，$m$ 为圆环质量，r 为圆环线径。圆环在第 3 阶段开始时刻的角速度 $\omega_{yO} = \dfrac{SD}{2J_y}$，用高速摄像机拍摄就非常清楚了。

第 3 阶段：有初角速度的圆环在下落的同时会旋转 100° 左右，从而完成与铁链的套结。

整个跌落过程的四个关键位置如图 5.5.3 所示。

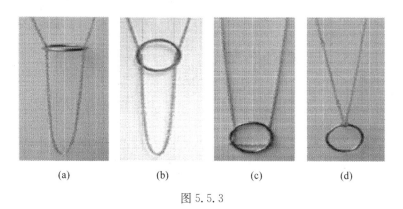

(a)　　　　　(b)　　　　　(c)　　　　　(d)

图 5.5.3

若第 3 阶段开始时刻的初角速度不够大，将不能在脱出链子前完成 100° 左右的角位移，从而不能完成打结。所以冲量 S 要合适，即中指与圆环的距离 h_1

视频 5-23
大直径的铁环

视频 5-24
细长链条及中环

视频 5-25
小钢环及细长链子

要恰当。此外,各种圆环重量、直径、链条长度、摩擦因数等参数的选择要合适,才能按上述方法成功地表演。各种不同规格的环和链如图 5.5.4 所示,操作表演见视频 5-23、5-24、5-25。

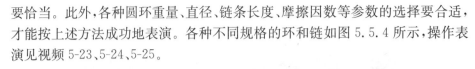

图 5.5.4

2. 第二种表演方法

第二种表演方法更容易,初学者成功率很大,见视频 5-26。操作如下:左手取链条,张开距离略大于环的直径,见图 5.5.5(a);右手食指与中指无缝地夹紧,与大拇指一起水平地拿住圆环,见图 5.5.5(b);右手拿住的圆环自下而上套入链条,并要求右手食指与链条平行(使环的重力矩 M 优化为最大)且对称(图 5.5.5),右手大拇指往左松开,圆环即下落。

右手大拇指松开后,圆环受到中指限制,在重力作用下绕支撑点转动。由刚体转动方程可知,重力矩 M 使圆环产生角加速度 $\varepsilon = M/J_y$(J_y 为圆环对转轴的转动惯量),进而获得了足够大的初角速度 ω_{y0}。圆环即左旋下落,顺势转了 $100°$ 左右,圆环与链子即实现打结,耗时约 0.12s。

视频 5-26
第二种操作方法

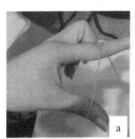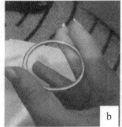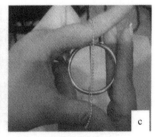

图 5.5.5

5.5.2 双环与链条套结魔术

双环与链条套结魔术是单环与链条套结魔术的直接发展,二者原理无殊,而增加的圆环使表演结果更丰富。通过对并置双环错位量的几种改变,魔术师能表演出一环被链套结、一环沿链滑移以及两环同时被链条套结两种完全不同的结果。当然,还有一种结果是两个环跌落到地上。

将两圆环并置,像喜结良缘魔术的第一种操作方法一样将圆环套在链条外,之后释放圆环。仅仅通过两圆环所处的高度和错位的差异,就能实现多种不同的结果,见图 5.5.6 和视频 5-27。以下,我们给出对这些结果的描述和解释。

视频 5-27
双环和链条

图 5.5.6

圆环的主要参数如图 5.5.7 所示。圆环 1 置于圆环 2 之下,叠合放置。Oy 为圆环 1 的对称轴,$O'y'$ 为圆环 2 的对称轴。圆环 1 与中指凸出的小关节的距离记为 h_1,两环中心轴间距(即错位值)记为 δ。这两个量对最终的结果至关重要。

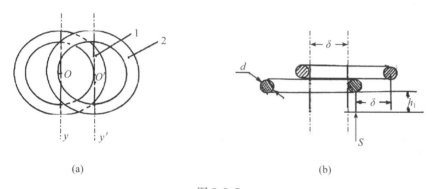

(a)   (b)

图 5.5.7

当 h_1 太小时,中指小关节的冲击未能使圆环 1 获得足够大的角速度,两个圆环不规则地自由跌落,未与链条套结。

当 h_1 和 δ 都合适时,中指小关节的冲量 S 对 Oy 轴冲量矩 SR(R 为圆环平均半径)使圆环 1 获得足够大的角速度,在下落过程中能实现转动角位移 $100°$ 左右,圆环 1 与链条完成套结;而圆环 2 仍如开始时一样,套在链条上。当左手拉住链条的左端,右手拉住圆环 1,左右手分别上下倾斜,这样圆环 2 可以在链条上左右滑动,如图 5.5.8 所示。观众看到这个景象,会感到惊奇和不可思议。

当 h_1 合适且 δ 较小时,两个圆环接近重叠,中指小关节的冲量足以使圆环 1 和圆环 2 都获得较大的角速度,两环同步转过 $100°$ 左右并同步下滑,此时两圆环都被链条套结,如图 5.5.9 所示。

图 5.5.8   图 5.5.9

进一步地，用不同尺寸的圆环叠放表演该魔术，可以出现更多的不同结果。

5.5.3   四连环魔术

四个圆环看似极为普通，但在魔术师手中变幻莫测，能实现匪夷所思的连接，令人目眩神离。本来分离的闭合圆环真能扣在一起吗？答案显然是不能！四连环魔术的诀窍在于其中一个圆环隐藏有一开口。魔术师通过快速、流畅、巧妙的手法打开、关闭开口，使其他闭合圆环自由地穿入、逃出。让我们一起来看看这个四连环魔术，以及其道具设计、制造所涉及的力学原理吧！

四连环魔术见视频 5-28。四个看似普通的圆环，在表演者手中，会轻易地实现各种图案变换(图 5.5.10)，令人惊奇。

视频 5-28
四连环魔术

(a)   (b)   (c)   (d)   (e)

图 5.5.10

两个单独的封闭圆环是没办法套在一起的，四连环魔术是如何做到的呢？其原因在于，道具中的其中一个圆环是有隐藏的缺口的。四连环道具如图 5.5.11所示，包括一个封闭环(S 环)、一个开口环(K 环)和一个套在一起的双环(W 环)。在表演过程中，表演者通过快速的操作技巧和隐蔽的手势使观众看不到环上的缺口。表演者在不经意间使封闭环从缺口穿入开口环，并迅速隐蔽缺口，让观众看起来就显得十分不可思议。

  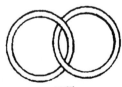

S环   K环   W环

图 5.5.11

1. 四连环魔术设计、制造中用到的力学

四连环魔术表演中,除表演手法外,很重要的一点就是用手施力打开缺口,使封闭环能够快速穿入或快速逃出。无疑地,圆环线径太粗或者材料太硬,单手都不足以打开缺口。圆环应选用适当的材料和尺寸,才能保证魔术表演成功和不容易被人们识破缺口。而这里,道具设计涉及力与变形间的精确计算,就需要用到材料力学的知识了。

线弹性结构在静载荷作用下的位移可用莫尔定理计算。莫尔定理是材料力学的重要定理,它是通过虚功原理导出的。考虑一个细长结构受静载作用,要求某点在某方向上的位移。我们设想在同一结构的同一点的同一方向上施加单位力,该力所引起的 x 截面的轴力、弯矩和扭矩分别记为 $\overline{F_{\mathrm{N}}}(x)$、$\overline{M}(x)$ 和 $\overline{T}(x)$。把原力系作用下的位移视为虚位移 Δ,应用虚功原理得到:

$$\Delta = \int \frac{F_{\mathrm{N}}(x)\,\overline{F_{\mathrm{N}}}(x)}{EA}\mathrm{d}x + \int \frac{M(x)\,\overline{M}(x)}{EI}\mathrm{d}x + \int \frac{T(x)\,\overline{T}(x)}{GI_p}\mathrm{d}x$$

式中,$F_{\mathrm{N}}(x)$、$M(x)$ 和 $T(x)$ 分别为原力系所引起的 x 截面的轴力、弯矩和扭矩,E 为材料弹性模量,G 为材料剪切模量,A 为截面面积,I 为截面惯性矩,I_p 为截面极惯性矩。

四连环中开口环的张开量可用莫尔定理计算。考虑双手紧握开口端部拉开的情形,受力图如图 5.5.12(a) 所示。由于环形状和载荷的对称性,只需计算半环的张开量,之后乘以 2 即可,如图 5.5.12(b) 所示。在半环端部施加单位载荷,如图 5.5.12(c) 所示。由于轴力和剪力对变形影响较小,仅需考虑弯矩的贡献。在载荷 F 和单位力作用下,截面弯矩分别为

$$M(\varphi) = -FR(1-\cos\varphi),\ \overline{M}(\varphi) = -R(1-\cos\varphi)$$

应用莫尔定理求出缺口的张开量 Δ_{AB} 为

$$\Delta_{AB} = 2\int_0^\pi \frac{M(\varphi)\,\overline{M}(\varphi)}{EI}R\mathrm{d}\varphi = \frac{3\pi FR^3}{EI}$$

式中,R 为圆环中心线的半径。

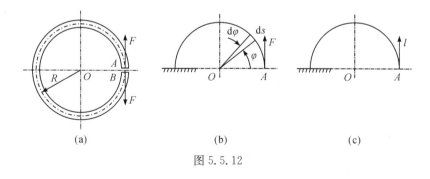

(a)　　　　　(b)　　　　　(c)

图 5.5.12

由上式可见:缺口张开量 Δ_{AB} 与材料弹性模量 E 和圆环截面惯性矩 I 成反比,与圆环所受到的张力 F 成正比,还与圆环中心线半径 R 的立方成正比。给定张开力值、圆环材料及圆环中心线半径,要求缺口张开量略大于圆环线径 d,

就可以设计出圆环的线径值。

　　四连环魔术表演时,为了不被观众看出破绽,施力方式一般不采用图5.5.12(a)那种形式,而是选择其他多种隐蔽性更好的形式,如图5.5.13(a)的手握式、图5.5.13(b)的张开式等。这些形式的缺口张开位移同样可以通过莫尔定理确定,亦可以通过实验方式测定。针对市面上的一种四连环(材料为钢材,$R=50$mm,$d=5$mm),我们对张开式进行了实测,见视频5-29。如图5.5.14所示,测力计上读数约为3N时,缺口的张开量为 $\Delta_{AB}=6$mm,这个张开量刚好让钢环(5mm)方便地穿入或取出。

视频 5-29
钢环变形实测

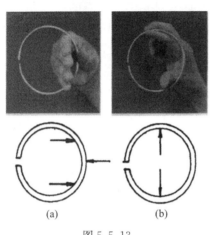

(a)　　(b)

图 5.5.13

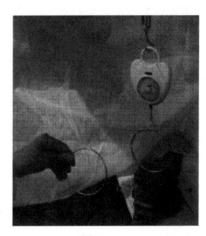

图 5.5.14

2. 一点说明

　　莫尔定理有十分广泛的应用,如可用于设计跳水运动员使用的跳板(图5.5.15)。在弹跳力作用下,跳板发生弹性变形。跳板端点变形量的大小涉及跳板系统的刚度,跳板端点的位移 δ 又与运动员上下跳的频率有关。技巧上希望运动员上下跳的频率与跳板系统的固有频率接近,这个优化要求可使跳水前那一瞬间发生共振,从而使运动员弹跳到更高的位置,延长入水前的时间,使跳水表演姿态更优美,见视频5-30。由于各运动员体重有差异,因此需调节跳板的刚度,在 δ 确定的情况下,选择跳板的长度 l 就需要应用莫尔定理。

视频 5-30
跳水运动员的
表演

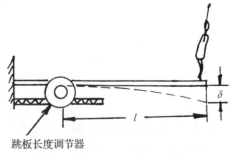

跳板长度调节器

图 5.5.15

以上介绍了用到力学原理的三个魔术,道具都是钢环类,在我们有关著作中还介绍了更多用到力学原理的各类魔术,如预应力类、绳子类、箱盒类、屈曲失稳类、扑克牌类……至于其他学科如光学、电学、数学、磁学、化学、机构学等也有不少宣传科普的魔术。

总之,用有科学原理的魔术进行娱乐表演,或作为对应于教学讲课的道具,都会使人们学到记忆深刻的科普知识。

5.6　无人机与机器人的力学

无人机与机器人是当今时代工程科学发展的两大应用领域,无论在军用或民用领域都有无比广泛的应用,近年来相关研究成果非常丰富,其研究与发展推动了许多基础学科的发展。

5.6.1　无人机的定义与航空器分类

无人机是无人驾驶飞行器的简称。按照飞行器的飞行环境和工作方式不同,飞行器又分为航空器、航天器、火箭和导弹。在大气层内飞行的飞行器称为航空器,它靠空气的静浮力或靠空气动力(机翼理论)升空飞行。航空器的分类如图 5.6.1 所示。

视频 5-31
2024 年龙年的无
人机群彩排

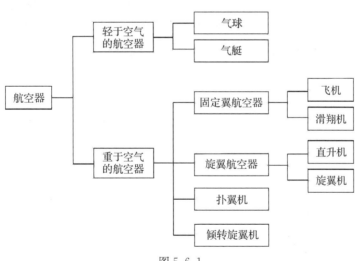

图 5.6.1

2024 年,全国两会的政府工作报告中提到要加速发展"低空经济",这是由于近年来军用和民用两大领域发展了无人机才提出来的。无人机可根据产生升力的机翼不同形式分为固定翼无人机、多旋翼无人机以及两种的组合。

固定翼无人机应用机翼理论和气流的空气动力学特性,如图 5.6.2 所示。动力源有多种,过去是飞机发动机和喷气发动机,现在增加了新能源电池飞机发动机或高能电池的电机,其带动风叶,由高速风叶旋转产生气流,这个气流让机翼平衡和前进。

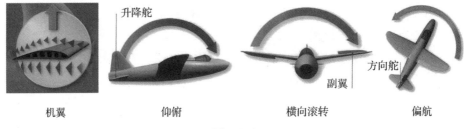

图 5.6.2

图 5.6.3 为两个玩具用无人机,其动力源的电机的定子不是用矽钢片,而是用新型的钕铁硼材料充磁,外径仅 7mm,螺旋桨等用碳纤维等材料,直径为 45mm,转速最高达 8000r/min,几节纽扣大小的锂电池可以让它在离地十米的低空中飞行六圈后下降。

图 5.6.3

图 5.6.4 为军用无人机,其按设置的飞行轨迹(或地面控制它),低空避雷达飞行几公里到几十公里飞达目标上空进行侦察或投炸弹,战斗效率和效益甚高。

2024 年 2 月 15 日,中国宣布成功研发了第一架量子无人机,这是量子通信技术和量子计算机技术结合的重大成果,引起世界各国关注,必将影响未来战争格局。

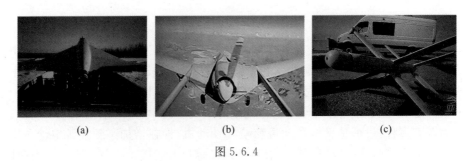

图 5.6.4

　　另一种多旋翼飞行器通过机翼旋转产生升力,它应用旋翼产生的气流力使无人机垂直升降,又靠控制多旋翼转速差异使无人机前进、转弯。2024 年,中国公示了新的电动垂直升降无人机(电动航空器),载重两吨,可乘五人,已跨省飞行成功。典型的四旋翼、八旋翼飞行器如图 5.6.5 所示。多旋翼飞行器在空中悬浮平衡条件有四个:惯性力系主矢为零,惯性力系的主矩也为零,这两个是一般动力学研究对象的动力学方程,在研究多旋翼飞行器的动力学问题时,还必须增加以下两个,即动量矩矢量之和为零,动量矩偶矢之和也为零。

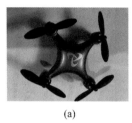 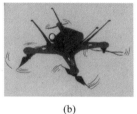

(a)　　　　　　　　　　(b)

图 5.6.5

　　再有一种无人机是上述两种动力形式的组合,见图 5.6.4(c)所示。

5.6.2　无人机中的力学问题

　　从力学发展史可见,人类必然会产生重于空气的航空器进行受控的动力学空中飞行。动力学最基本的是牛顿三大定律,牛顿定律产生于 1687 年,至今已有三百多年历史了,到了 1903 年美国人莱特克兄弟才发明了动力飞机,于 1903 年 12 月 17 日实现了进行受控的持续动力飞行,被国际航空联合会(FAI)所确认。到了 1907 年,法国工程师保罗·科努研制出一架全尺寸载人直升机并试飞成功,被称为"人类第一架直升机",它充分应用了动量矩定理。

　　引入动量矩偶的概念,对分析多旋翼飞行器有重要的意义。当两个动量矩矢的大小相等、方向相反,且转轴平行时,称为动量矩偶,如图 5.6.6 所示。其度量为动量矩偶矩,用矢量 LM 表示,方向也按右手螺旋法则确定,这里用三箭头示出(区别于静力学中力偶矩的二箭头表示),大小等于动量矩的大小乘以动量矩偶臂。四旋翼飞行器有四个旋翼,就有四个动量

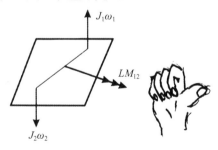

图 5.6.6　动量矩偶

矩,即 $L_1=J_1\omega_1,L_2=J_2\omega_2,L_3=J_3\omega_3,L_4=J_4\omega_4$,其中 J_i 是第 i 个旋翼系统对其转轴的转动惯量,ω_i 是第 i 个旋翼的角速度。如图 5.6.7 所示,若 L_1 与 L_4 大小相等,则形成一动量矩偶 LM_{14};若 L_2 与 L_3 大小相等,则形成另一对动量矩偶 LM_{23}。相应地,采用不同的结对形式,可能形成另两个动量矩偶 LM_{13} 和 LM_{24}。由旋翼中心形成的正方形的外接圆半径记为 r,则动量矩偶臂为 $\sqrt{2}r$。推

广到$n(n \geqslant 6$且为偶数)旋翼情形,可形成$n/2$对动量矩偶,有$(n/2)!$种可能组合。

注意到,各组动量矩偶矢形成封闭多边形。动量矩偶矢的封闭图形的形状和大小均不相同,如图5.6.8和图5.6.9所示。动量矩偶矢大表示旋转灵敏度高,为优化选择电机结对提供重要信息。六旋翼飞行器最大的动量矩偶臂为$2r$,八旋翼飞行器则是$1.85r$,小于六旋翼情形。所以,玩具型飞行器以成本低为主要目标,选择生产四旋翼飞行器为佳;对民用特别是军用的飞行器,以可靠性好、灵敏度高、稳定性高为优化指标,则选择六旋翼飞行器为佳。选八旋翼以上不符合优化原则。

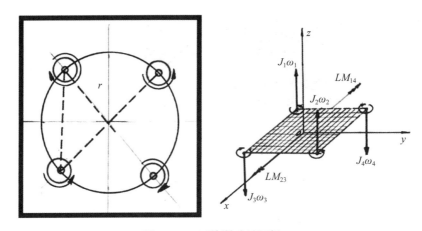

图5.6.7　四旋翼动量矩偶

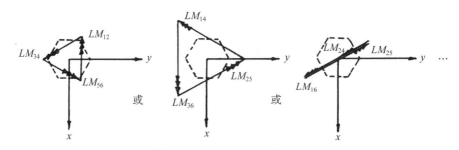

图5.6.8　六旋翼动量矩偶矢多边形中的三种

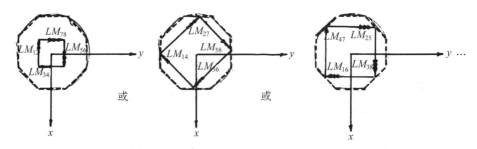

图5.6.9　八旋翼动量矩偶矢多边形中的三种

无人机应用前景广阔。由于多旋翼飞行器具有结构轻巧、容易控制、升降方便、价格便宜等优点,目前在军事(用于定向飞行、侦察、丢炸弹、发导弹等)和民用(用于农业施肥、洒农药、送货等)领域已得到了广泛应用。

5.6.3 机器人定义与分类

定义:凡是可以代替人类做事的机电产品并具有与人类似的智能、思维逻辑、控制功能,具有多种功能,如视觉、听觉、力觉、触觉等,不论大小、尺寸、重量都可被称作为机器人,典型的机器人见图 5.6.10、图 5.6.11。

近年来世界各国的民用和军用生产都在用机器人和智能机械手,大幅提高了生产效率。

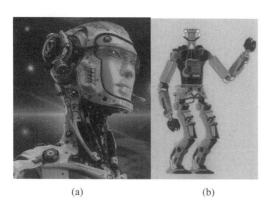

(a)   (b)

图 5.6.10

图 5.6.11

视频 5-32
机器人写书法

视频 5-33
机器人炒菜做米

视频 5-34
机器马搬运货物

视频 5-35
机器狗行走

视频 5-36
机器鸟飞行

视频 5-37
机器蛇的爬行

机器人按用途分类有多种,如书写机器人、烹调机器人、食品加工机器人、冲压加工机器人、战斗武士机器人、搬运工机器人……(图 5.6.12 至图 5.6.17)

图 5.6.12

图 5.6.13

图 5.6.14

图 5.6.15

图 5.6.16

图 5.6.17

从机器人还可以引申发展到机器狗、鱼、蛇、马……各种机器人与仿生动物的设计,基础知识主要是理论力学中的运动学。点和刚体的各种运动,组合起来就可以设计出人们所想要的机构。

无人机和机器人这两个领域近期在世界各国快速发展,具体原因包括:

(1)新能源电池的出现、量子技术的新应用;

(2)芯片技术的应用与智能控制;

(3)力学概念动量矩偶的应用与学科交叉的发展等;

(4)多种智能机械手的创新成果和 AI 技术的出现。

理论力学与材料力学、流体力学等基础课一样,都属于技术基础课,除了其本身可以解决一些问题外,也为后续专业课储备了基本知识和技能。理论力学中一些物理量必须用仪器和设备通过实验测试才可以得到,有些定理需要用实验验证,以加深人们对规律的认识。

基础实验主要目的是增加学生动手操作的环节,锻炼学生的动手能力,并通过实验加深学生对基础概念的理解和感知。

6.1 基础实验项目概述

本章将介绍应用理论力学知识开发的以下基础教学实验项目:

(1)摩擦因数的测定实验。应用动、静滑动摩擦因数(又称摩擦系数)测试系统,可以对不同材料之间的静滑动摩擦因数 f_s 和动滑动摩擦因数 f_D 进行测试。实验表明,对于静滑动摩擦因数小的材料,它的动滑动摩擦因数与之十分接近,也就是用 f_s 等同于 f_D 是可以接受的。对于静滑动摩擦因数大的材料,动滑动摩擦因数 f_D 就不能随便用静滑动摩擦因数 f_s 来替代,在工程使用时必须用实测数据。

(2)临界角与稳定性测试实验。实际中有不少均质和非均质物体的稳定性问题,这里对几种典型形状物体在斜面上滑行,用实验方法测出其临界角。

(3)时间相关参数测定实验。属于运动学类型的实验有多种,将"光电门"与"微秒计"组合,可派生出的仪器、装置有多种应用。这里将介绍时间、速度、加速度等的测定。

(4)不可见轴产品的转速测定实验。对于转轴看得见的情形,可采用各种接触式或非接触式转速表和仪器进行转速测定。对于转轴看不见的情形,例如电冰箱、空调器用的压缩机,则采用本书中介绍的几种特殊的实验方法可以测得此类轴的转速。

(5)功率、力矩、转速与机械效率测试实验。应用理论力学的动能定理导出前三者的关系,由此又可制作成不少专业需要的测试设备(如发动机的示功计、效率测试台架等),也就是说,这些专用设备的理论依据来自理论力学。为了使学生在理论力学学习阶段也能适当联系应用,这里选择小型直流电机进行实验,目的是演示各个重要动力学参数的测试方法。

(6)转动惯量测定的三线摆法。转动惯量是理论力学里一个重要的知识点,刚体的转动惯量有着重要的物理意义,在发动机叶片、飞轮、陀螺以及人造卫星(如浙大皮星一、二号)的结构设计上,精确地测定转动惯量,对这些实物都是十分必要的。三线摆法测定物体的转动惯量,其特点是物理概念清楚、操作简便易行、适合各种形状的物体,而且测量精度较高,在理论和技术上有一定的实际意义。

(7)刚性转子动平衡测试。高速旋转机械受物料的影响较大,冲击、腐蚀、磨损、结焦都会对机器的转子系统造成动不平衡故障。而旋转机械的振动故障有70%来源于转子系统的不平衡。转子转动时产生的不平衡量是因转子各微段的质心不严格处于回转轴线上引起的,通过实验测试的手段可测出不平衡量对转子整体的影响,并用适当的方法加以消减。

6.2　摩擦因数的测定

两个相互接触的平面物体,因材料不同、表面状态不同和环境条件(温度、湿度等)不同,它们之间的静滑动摩擦因数 f_s 和动滑动摩擦因数 f_D 理论上是不同的且是算不出来的,只有用合适的实验装置进行测试。测试所得的技术数据在工程中有广泛和重要的应用。

大量的静、动滑动摩擦因数实验测试表明,这个技术数据有三个特点:

(1)实验性数据,即只有用实验装置进行测试,才可以得到正确的数据;

(2)随机性数据,在相同条件下的实验测试,每次结果各不相同,即具有随机性,但具有统计规律性。

(3)比较性数据,即不同材料,按标准尺寸做成试块和滑动斜面,在相同的仪器上、在相同条件下(如我们的专利中两光电门间距为 233mm)进行测试,结果才有实用和可比较的意义。

6.2.1　实验的仪器

视频 6-1
ZME-Ⅱ型测试过程

视频 6-2
摩擦因数测试

物块在斜面上不能平衡时,就会发生因重力作用而沿斜面滑下的运动现象。如图 6.2.1 所示的 ZME-Ⅱ型动滑动摩擦因数测试仪,演示了两种平面接触材料之间因相对运动而发生的动滑动摩擦现象。工程上需要表述不同表面状态的不同材料之间动滑动摩擦作用的大小,采用动滑动摩擦因数 f_D 表示,它的定义为

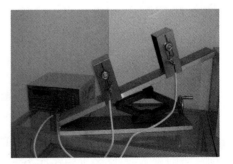

图 6.2.1

$$f_D = \frac{(动滑动摩擦力)F}{(正压力)F_N}。$$

这里选用几种有应用价值的材料进行测试:1) 不锈钢块与铝合金板之间的相对滑动;2) 不锈钢块与不锈钢板之间的相对滑动;3) 衬衫布料与西装夹里的

尼龙绸之间的相对滑动。对这三种或多种材料搭配进行动滑动摩擦因数测试,记录每种情况的每次测试结果,并按随机数据进行统计处理,获得最终有用的结果。

另一种升级的 ZME-ⅡA 型测试仪如图 6.2.2 和图 6.2.3 所示。

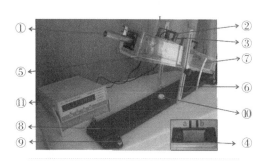

图 6.2.2

视频 6-3
ZME-ⅡA 型测试过程

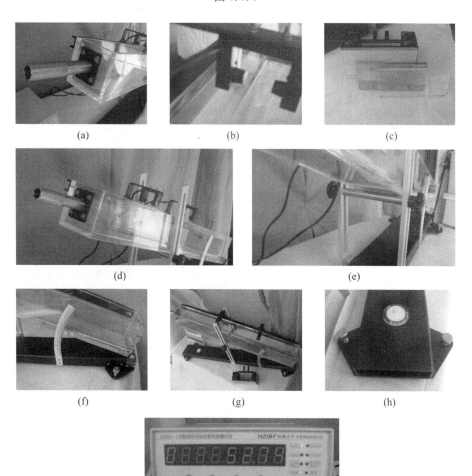

图 6.2.3

视频 6-4
ZME-ⅡA 型的实验方法

图 6.2.2 中各部件名称如下：

①升降手柄（提高或调节倾斜角时用）；

②光电门Ⅰ（有可调旋钮在导轨上移动并固结在某位置）；

③光电门Ⅱ（也有可调旋钮在导轨上移动并固结在某位置）；

④试块 A（底板上有一种试验材料，依靠四个螺钉可拆换为另一种材料或嵌入布料）；

⑤成倾斜角为 φ（与水平底板）的有机玻璃槽 B，底面内有几种被测材料（不锈钢板、铝合金板）供选用；

⑥倾角升降槽的固结杆（有左右两根，垫块厚薄不同，靠横轴支撑斜面，左右各有固结的黑色旋钮）；

⑦量角器（或用绝对倾斜角测试仪）；

⑧基底板，安装后要用二维水平器调水平；

⑨四颗可调高度的螺钉；

⑩二维水平器。

⑪CDY-1（或 DHSY）智能时间、速度、加速度测试仪（见外观及各按键功能）。

ZME-ⅡA 型对 ZME-Ⅱ型的装置进行了升级，但工作原理不变，操作及读取数据方法变动不大。

6.2.2　实验装置的工作原理

1.仪器的示意图与简介

这台测试仪器是根据庄表中教授 1992 年发表的论文经过不断改进后制作成的专利产品，可测试颗粒、柔软物体、薄硬物体等材料接触面之间的静滑动摩擦因数 $f_s = \tan\varphi_1$（φ_1 为摩擦角），测试方法见视频，这里从略。

动滑动摩擦因数测试装置示意图见图 6.2.4。

其中：A 为试块甲；B 为倾角为 φ 的被测试材料；C 为试块甲上的不透光挡板，$S_1 = 4\text{cm}$（ZME-ⅡA 型为 2cm），L_1、L_2 为光电管；D 为 CDY-1 智能计量仪（或 DHSY 时间测试仪），见图 6.2.1。

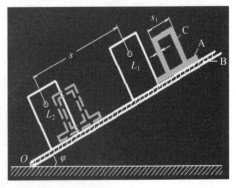

图 6.2.4

t_1（或仪器上的 Δt_1）为计量器上显示物块 A 经过光电管 L_1 时通过路程 S_1 的时间，t_2（或 Δt_2）为显示物块 A 经过光电管 L_2 时通过路程 S_1 的时间，t_3（或 Δt_3）为从 L_1 到 L_2 的路程所需的时间，$t_4 = t_3 + \frac{1}{2}(t_2 - t_1)$ 或 $\Delta t_3 + \frac{1}{2}(\Delta t_2 - \Delta t_1)$。

经测试得到上述各个数据后，需代入动滑动摩擦因数的计算公式（见下文),计算后可得动滑动摩擦因数。

表 6.2.1 列出了已测试过的某些材料之间的动滑动摩擦因数。

表 6.2.1

	材料	静滑动摩擦因数 f_s	动滑动摩擦因数 f_D
1	氯化铵对金属板	0.76~0.85	0.46~0.60
2	膨胀石墨对钢板	0.19~0.20	0.16~0.17
3	经过喷砂的钢板对钢板	0.58~0.72	0.57~0.63
4	钢板对铜板(已喷砂及 NaCl 腐蚀)	0.56~0.61	0.41~0.43
5	麦尔顿呢对羽纱布	0.60~0.63	0.59~0.56
6	聚四氟乙烯对聚四氟乙烯	0.111	0.109
7	C10 水泥块对美国旗赛 HKPE 防渗膜	0.406	0.386
8	C10 水泥块对外包无纺布的防渗膜	1.13	0.87
9	杭纺对美丽绸	0.41	0.391
10	棉布对美丽绸	0.52	0.460
11	杭纺对羽纱	0.32	0.303
12	棉布对羽纱	0.531	0.481
13	杭纺对尼龙纱	0.310	0.304
14	棉布对尼龙纱	0.538	0.490
15	皮革对实木地板(体育馆用)	0.766	0.691

2. 工作原理

动滑动摩擦因数计算公式推导:由图 6.2.5 写出 y 方向的静力平衡方程和 x 方向的动力学方程,分别为

$$\sum Y = 0 : F_N = mg\cos\varphi \tag{6.1}$$

$$\sum X = ma : ma = mg\sin\varphi - F_N f_D \tag{6.2}$$

视频 6-5
各种衣服面料与皮肤的动滑动摩擦因数

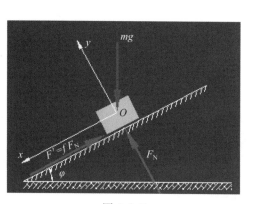

图 6.2.5

视频 6-6
各种材料间的动滑动摩擦因数测试

将式(6.1)代入式(6.2)得

$$f_D = \tan\varphi - \frac{a}{g\cos\varphi} \tag{6.3}$$

平均加速度为

$$a = \frac{v_2 - v_1}{t_4} = \frac{(t_1 - t_2)S_1}{t_1 t_2 t_4} \tag{6.4}$$

式(6.4)中的分母用的是 t_4 而不是 t_3，是因为显示物块经过 L_1 和 L_2 时的速度是不一样的，所以用 t_3 加上 t_2 和 t_1 的平均差，这样提高了计算加速度 a 的精度。

将式(6.4)代入式(6.3)，得动滑动摩擦因数的计算公式：

$$f_D = \tan\varphi - \frac{S_1(t_1 - t_2)}{g t_1 t_2 t_4 \cos\varphi} \tag{6.5}$$

注意：光电门的上、下线不要接错。

从式(6.5)可见，这个实测动滑动摩擦因数的计算公式仅与 φ、t_1、t_2、t_3（或 t_4）、s_1 有关，按这个公式设计制作装置才可以进行实验和量测。又从公式可见，要提高精度，需要进行灵敏度分析，即 f_D 随各参数的变化量，得到的结果是 s_1、φ 和 t 的量测精度要相当，工程中的测量精度为毫级就可以了。

6.2.3　动滑动摩擦因数测试仪(ZME-Ⅱ型)的实验指导

(1)打开智能加速度仪的电源开关，等待数字显示值稳定(显示值 5.00 表示不透光档距平均值，若档距不同，有两个键可分别实现调大或调小)。

(2)将实验选择置为直线。

(3)按一下 work 键，开始正式实验：让滑块从适当角度的斜面上滑下，同一个实验，应在相同起始点自由下滑，智能速度仪和加速度仪即可记录滑块 a 边和 b 边分别经过光电门Ⅰ和光电门Ⅱ的时间间隔。按一下 Δt_1 键，显示的数值即为滑块 a 边和 b 边经过光电门Ⅰ的时间 t_1；按一下 Δt_2 键，显示的数值即为滑块 a 边和 b 边经过光电门Ⅱ的时间 t_2；按一下 Δt_3 键，显示的数值为从 L_1 到 L_2 所需的时间 t_3，第一次实验即已完成。

(4)再按一下 work 键，可进行第二次实验，总共可进行 10 次。10 次实验结束后若要继续实验，可按取消键取消以前的数据，然后继续实验。

注意：1) 若滑块滑下后，数据不显示，此时可将实验选择中的正转、反转键按一下，即实现切换，可排除故障。2) 若光电门灯不亮，须换上新灯泡后，再启动仪器，调整发光灯的光束，使其射入接收管，不能散失或漏光。3) 由于动滑动摩擦有随机性，理论上有关文献明确指出是按泊松分布，所以对多次测试结果进行整理，把不合理的去掉，再将剩下的去掉最大的一个和最小的一个，然后再进行平均。

对 ZME-ⅡA 型的装置、测试更方便，只要将 CDY-1 型电子源开关打开，一手按开关，另一手紧跟着将试块从斜面滑下，面板上会循环显示并记忆住 t_1、v_1、t_2、v_2、t_3、a 这六个数据，把需要的数据及用图 6.2.6 所示的绝对倾角测试仪

测得的斜面倾角 φ 代入式(6.5)，就可计算出动滑动摩擦因数。

图 6.2.6

视频 6-7
ZME-Ⅱ A 型测
试方法

6.2.4 国标(GB/T 10006)的摩擦因数测定方法及仪器

作为常用的工程量，世界主要经济体都对摩擦因数测定方法有明确规定，例如：美国标准《塑料薄膜和薄板的静态和动态摩擦系数的标准试验方法(ASTM D1894)》、欧盟标准《塑料、薄膜和薄板 摩擦系数的测定(ISO 8295)》等，我国也有类似的标准《塑料 薄膜和薄片 摩擦系数的测定(GB/T 10006)》。因此，也可以直接采购根据国标开发的摩擦因数测定设备进行该实验。

GB/T 10006 最初是在 1988 年由中国国家标准化管理委员会发布的，等同采用国际标准 ISO 8295—1986，用于测定塑料薄膜和薄片的摩擦因数。该标准详细介绍了薄膜材料摩擦因数的测定方法。首先，通过一系列的实验装置和仪器，将被测的塑料薄膜或薄片固定在平台上。然后，在一定负载和速度条件下，使另一块材料与被测材料相互接触并相对滑动，测量两者之间的摩擦力和垂直力。根据测得的数据，可以计算出摩擦因数。该标准还规定了测量过程中应注意的事项，如实验环境的温度、湿度等条件，以及实验样品的制备和处理方法。同时，对于不同类型的塑料薄膜和薄片，也提供了相应的测试方法和计算公式。

《塑料 薄膜和薄片 摩擦系数测定方法(GB/T 10006—1988)》的发布，对于塑料薄膜和薄片的生产和应用具有重要意义。通过准确测定摩擦因数，可以评估材料的摩擦性能，选择合适的材料用于特定领域的应用，提高产品的质量和性能。此外，该标准的实施还有助于推动塑料工业的发展，促进国内外贸易的顺利进行。中国国家标准化管理委员会于 2021 年对此标准进行了更新。

市场上有比较多的基于国标的摩擦因数测定设备，差别都不是很大，典型的设备如图 6.2.7 所示。此类设备的使用过程较为简单：将试样平铺于试验机测试台面上，使用夹持工装将试样固定，再将滑块放置在试样上方，滑块与传感器连接，通过位于传动机构上的力值传感器和机器内置的位移传感器，采集到试验过程中的力值变化和位移变化，从而计算出试样的各种摩擦力学性能指标。

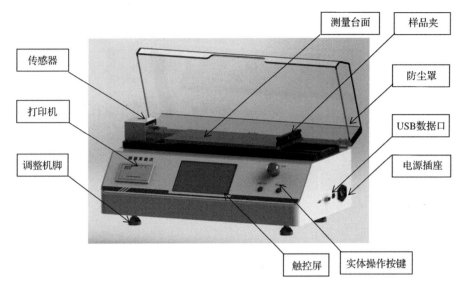

图 6.2.7

6.2.5　动滑动摩擦因数的应用实例

在有些交通事故的分析中,需计算两车辆相撞之后,它们分别在滑行距离内耗散的功,还有在开展技术数据分析时均需应用到动滑动摩擦因数(交通事故分析专业上称滑动附着系数),具体又分为:①汽车纵滑;②翻倒时侧身滑;③摩托车纵滑;④着装人体与地面滑等。

这里附上一个经过大量实验测试总结出来的数据,见表 6.2.2(国标 GA/T 643—2006)。

表 6.2.2　汽车纵滑附着系数(动滑动摩擦因数)参考值

		干燥		潮湿	
		48km/h 以下	48km/h 以上	48km/h 以下	48km/h 以上
混凝土路面	新铺装	0.80～1.00	0.70～0.85	0.50～0.80	0.40～0.75
	路面磨耗较小	0.60～0.80	0.60～0.75	0.45～0.70	0.45～0.65
	路面磨耗较大	0.55～0.75	0.50～0.65	0.45～0.65	0.45～0.60
沥青路面	新路	0.80～1.00	0.60～0.70	0.50～0.80	0.45～0.75
	路面磨耗较小	0.60～0.80	0.55～0.70	0.45～0.70	0.40～0.65
	路面磨耗较大	0.55～0.75	0.45～0.65	0.45～0.65	0.40～0.60
	焦油过多	0.50～0.60	0.35～0.60	0.30～0.60	0.25～0.55
砂石路面		0.40～0.70	0.40～0.70	0.45～0.75	0.45～0.75
灰渣路面		0.50～0.70	0.50～0.70	0.65～0.75	0.65～0.75
冰路面		0.10～0.25	0.07～0.20	0.05～0.10	0.05～0.10
雪路面		0.30～0.55	0.35～0.55	0.30～0.60	0.30～0.60

由表 6.2.2 可见,滑动摩擦因数是复杂的,它与车速、路面材料、气候干燥还是潮湿、路面与轮胎的新旧等众多因素有关。

6.3　临界角与稳定性测试

这是英国曼彻斯特大学做的实验。实际中有不少均质和非均质物体的稳定性问题,如物体在静态放置时,需要考虑是否受扰动后,会发生不稳定的翻倒,又在运输卡车上物体是否会发生起动或刹车时的翻倒等。从力学概念和实际经验可知,它的稳定性与质心位置、底座尺寸等参数有关。有的问题可以通过理论计算进行稳定性识别;有的问题计算太费时间或因物体是非均质而使计算十分困难,因而有必要提供方便可信的方法对实物或模型进行实验测试,达到稳定性判断的目的。以图 6.3.1 所示导出临界角的理

图 6.3.1

论计算公式,图上一底面边长为 b、质心高度为 h 的均质矩形块,放置在图示的斜面上,缓慢增加该斜面的坡度直至矩形块倾倒。要确定此块体不发生倾倒时,斜面所能达到的最大坡度(假设矩形块底面与斜面之间无滑动)。

通常可假设矩形物块的重力作用线在其底面内时,不会发生倾倒。因此矩形物块发生倾斜的临界位置是其重心与其底面的下边线处于同一竖直平面内。由此可导出矩形块发生倾覆翻倒的临界角为

$$\theta_c = \arctan \frac{b/2}{h} = \arctan \frac{b}{2h} \tag{6.6}$$

若上述假设是正确的,则式(6.6)表明当 $\theta < \theta_c$ 时,矩形块不会倾覆翻倒。这一理论计算结论还可通过下述的模型试验进行验证。

临界角的实验可将三个不同形状木块按照预测临界角值由大到小顺序放在平板上,如图 6.3.2 所示,慢慢地将木板右端抬起直至木块倾倒,具体过程见视频。用实验测得各木块的临界角,结果表明物体的临界角愈小则稳定性愈小。

图 6.3.2

视频 6-8
测试临界角的实验方法

图 6.3.2 模型试验演示了物体的稳定性与其质心位置及底座尺寸的关系。

文献[7]研究了三个高度均为 150mm 的铝块的稳定性,矩形截面铝块与较小的锥形铝块的底座面积相同,均为 29mm×29mm。较大的锥形铝块的底面积为 50mm×50mm,但体积与矩形截面铝块相同。将这三个铝块放在一个带有金属障碍物的平板上,以防止平板倾斜时铝块底面与平板之间产生相对滑动。平板倾斜的角度可通过如图 6.3.2 所示的简易装置测量出来。表 6.3.1 给出了由式(6.6)计算得到的三个铝块的理论临界角和由试验测得的临界角值。理论计算和实验均表明,较大的锥形铝块的临界角最大,而矩形铝块的临界角最小。

表 6.3.1   理论计算与试验测得的临界角比较[7]

模型	矩形铝块	较小的锥形铝块	较大的锥形铝块
模型高度/mm	150	150	150
底面宽度/mm	29	29	50
体积/mm³	$1.26×10^5$	$0.420×10^5$	$1.25×10^5$
质心高度/mm	75	37.5	37.5
理论临界倾角/(°)	10.9	21.9	33.7
实验临界倾角/(°)	10	19	31

具体演示过程如下:

(1)将三个铝块按照预测临界角值由大到小的顺序放在平板上,如图 6.3.1 装置所示及实验过程视频。

(2)慢慢抬起木板的右端,矩形截面铝块最先失去稳定发生倾倒(见视频),记录此时的平板倾斜角度。

(3)进一步使木板倾斜,较小的锥形铝块发生倾倒,记录此时的平板倾斜角度。尽管两个锥形铝块的质心高度相同,但是由于较小的铝块底面积也较小,与较大的锥形铝块相比,其重力作用线在相对较小的倾角下就会偏离到其底面以外。

(4)继续使木板倾斜,较大的铝块最终发生倾倒,记录此时的平板倾斜角度。可以看出,较大铝块的稳定性明显高于另外两个铝块。

以上三个铝块发生倾斜时的平板倾角值见表 6.3.1,可以看出:

试验测得的三个铝块的倾倒顺序与式(6.6)的计算结果一致,表明物体的底面尺寸越大或质心越低,物体发生倾倒的临界角值越大。

所有测得的临界角值均略小于式(6.6)的计算结果。读者可思考原因。

6.4   时间相关参数测定

各种运动学教材中均一致明确地指出,运动学研究的是物体的几何性质,不涉及产生运动的原因,具体地说是研究物体(简化为点或刚体)上点的运动轨迹、运动规律、速度、加速度等和物体整体的角速度、角加速度等的描述。

这里仅介绍时间、速度、加速度等的测试。

6.4.1　多功能微秒计(DHTC-1 型)

图 6.4.1 为多功能微秒计,可用于测量单个或多个物体摆动的周期、点的瞬时速度等运动学参数。采用图 6.4.2 所示高速光电门,会发射一束细光,经过挡光、接收光的间隔就把时间量值记忆下来,内置芯片体积小且有很高的响应速度和计时精度,是测量物体运动参数的有效且方便拆装和移位的装置。

图 6.4.1　　　　　　　　　　　　　图 6.4.2

图 6.4.3 所示是一种型号为 DHTC-1 的微秒计。

图 6.4.3

视频 6-9
复摆周期的测试
过程

6.4.2　复摆周期的测量

复摆(可以是线性振动的小摆幅,也可以是非线性振动的大摆幅)在摆动时,复摆顶部有一挡光杆,在它的外围套装马蹄形的光电门(图 6.4.2),可以测量复摆快速摆动时的通光→挡光→再通光→再挡光……,仪器内置线路板,可以把通光与挡光的次数(该仪器还可以用在展览馆进口处,每天统计进馆人数)和每次通、挡光的时间用微秒计量出来。操作及测量过程方便,见视频 6-9。

有了复摆的摆动周期,在下一章圆盘和非均质物体转动惯量测试中就可以应用了,代入相应公式即可求得物体的转动惯量,如皮星级人造卫星对三个轴的转动惯量、非均质导弹对各主轴的转动惯量等重要力学参数的测试。

6.4.3 DHTC-1 型仪器使用方法

(1)接通电源开关之后,仪器屏上界面显示如图 6.4.4 所示。

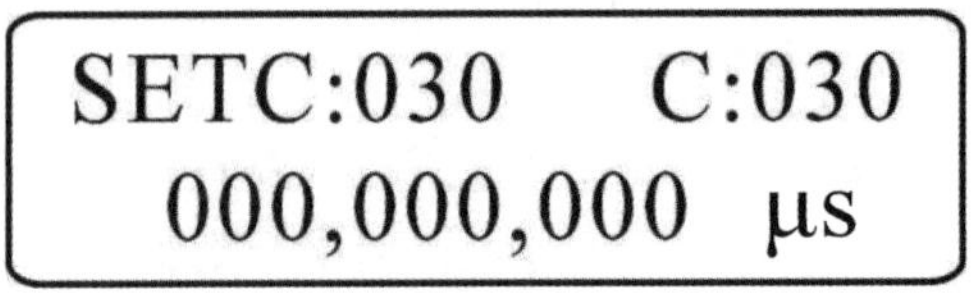

```
SETC:030    C:030
000,000,000  μs
```

图 6.4.4

(2)按 ▲▼ 键设置测量周期数(单摆周期＝SETC−1),按 T 键进入测量状态,如图 6.4.5 所示。

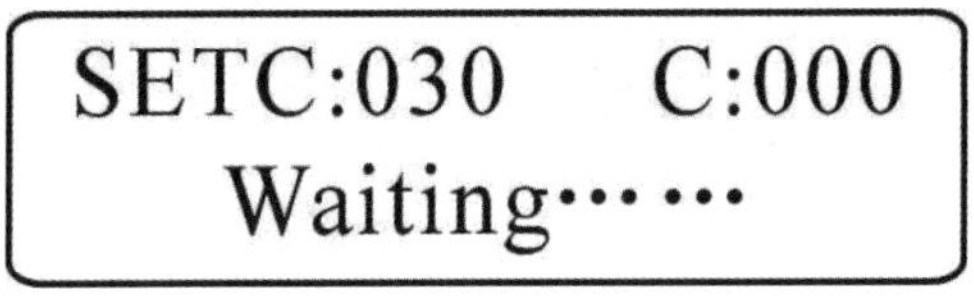

```
SETC:030    C:000
Waiting……
```

图 6.4.5

(3)计时从第一次挡光开始,截止最后一次挡光,挡一次光 C 加 1,直到设定值,显示测量结果如图 6.4.6 所示。

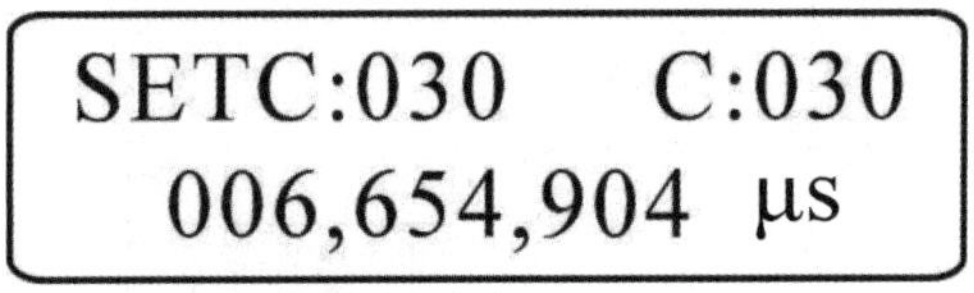

```
SETC:030    C:030
006,654,904  μs
```

图 6.4.6

(4)重新进入测周期则重复上述步骤。

(5)测速度则按 PW 键进入测脉冲宽度测量状态,如图 6.4.7 所示。

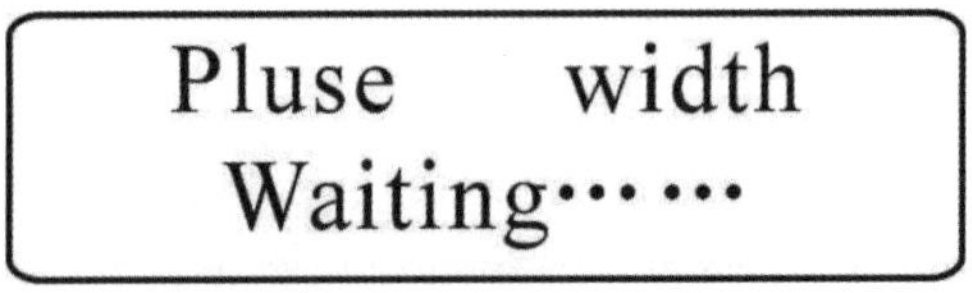

```
Pluse    width
Waiting……
```

图 6.4.7

(6)当挡光针经过光电门时,计时器计出挡光针挡住光的时间,测量出挡光针直径就可以计算出瞬时速度(注意:使用长度测量工具测量挡光针直径的精度有限;挡住光多少时光电门开始响应,不同的光电门由于器件的不完全一致性也有所不同;接收光的圆形小孔的规则程度有限。以上因素都影响我们计算实际挡光时间,但是以上因素对于每台光电门都具有短期稳定性,建议使用表面光滑的圆柱状挡光针）。测量完成,显示测量结果如图 6.4.8 所示。

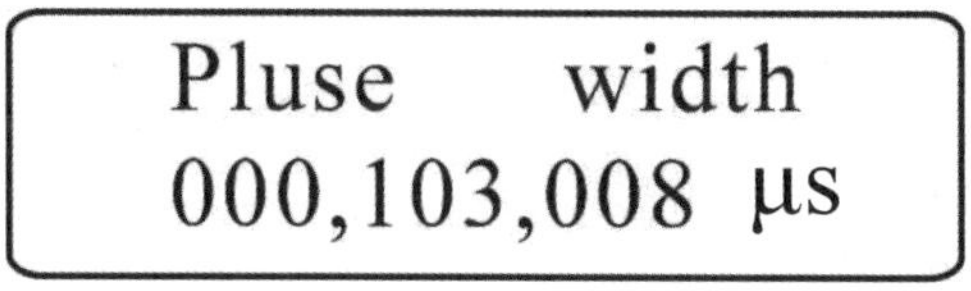

$$\boxed{\begin{array}{l} \text{Pluse \quad width} \\ \text{000,103,008 } \mu s \end{array}}$$

图 6.4.8

(7)重新进入测速度,则重复步骤 5 和步骤 6。

(8)按 ▲ 或 ▼ 键转到测周期状态。

从图 6.4.8 的显示,即知周期。

6.4.4　物体运动速度的测量

图 6.4.9 为测量汽车平行移动速度的一种装置简图。若在车顶上用一磁铁吸上一块遮光板条,当车向右行驶时,遮光板条通过光电门 G_1 和 G_2,分别在相隔距离为 S 的位置上各遮光一次,智能微秒计上可以读出两次遮光的时间间隔 t,在两个光电门的距离 S 很小时(如取 1～5cm),可得汽车行驶的瞬时速度。

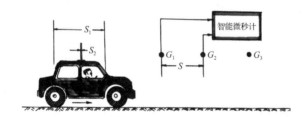

图 6.4.9

$$v = \frac{S_{小}}{t} \tag{6.7}$$

又若两个光电门的距离 S 较大(如10m),则可得汽车在这 10m 距离内的平均速度:

$$v_{平均} = \frac{S_{大}}{t} \tag{6.8}$$

若在汽车前进方向往前一定距离再设置一个光电门 G_3 等,可应用本章第二节图 6.2.3 所示的方法与原理,类似于本章式(6.4),从仪器上读出两个时间,并计算出汽车的平均加速度。ZME-ⅡA 型仪器就是利用这个原理,读者完全可以理解和设计应用,这里略。

如果在一条直线上设置三个或几个光电门,则行驶在隧道内或高架桥上弯道路上的车辆处在各个路段上的速度、加速度、加加速度等均可监察并记录下来,这套原理也为科研应用和开发商研制创新产品提供了理论依据和设计思路。

又若将光电门 G_1 和 G_2 往下放置,汽车顶上无须装遮光板条,若汽车长为 S_1,在前进过程中,利用光电门 G_1 或 G_2,可测试到车身的挡光时间 t_1(或 t_2),则也可以算出车辆的平均速度:

$$v_{平均} = \frac{S_1}{t_1} \tag{6.9}$$

6.5　不可见轴产品的转速测定

6.5.1　压缩机的转速测试

最典型的旋转轴看不见的产品是压缩机,它在空调和电冰箱等电器上有广泛的应用。目前常见的有两种结构形式:曲柄滑块式机构(图 6.5.1)和动涡轮在定涡轮内作平动的新型机构(图 6.5.2)。

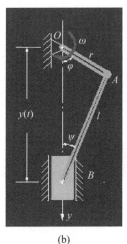

视频 6-10
变频空调器

(a)　　　　　　(b)　　　　　　(c)

图 6.5.1

图 6.5.2

　　后一种变频涡旋式压缩机的原理与活塞式完全不同,它是 1905 年由法国工程师提出来的,80 多年之后,1987 年由美国首先研制成变频压缩机。它是用涡旋式叶轮压缩制冷液的,其特点是:①制冷压力高、效率高;②转速可变,产生激励频率是可变的,有利于节能(1Hz,即每分 60 转时,功率小于 45W);③由激励源的频谱分析图 6.5.3 可知,倍频的幅值比基频的大,这样就提高了频率比 λ,有利于提高隔振效率,从而进一步降低压缩机的噪声和提高使用寿命。

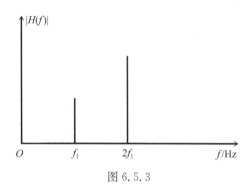

图 6.5.3

　　图 6.5.1 和图 6.5.2 所示压缩机都有一个旋转轴与电机转子连接成一体,虽然制造时经过动平衡工艺,使得两端轴承动反力在许可范围之内,但是由于有不可避免的偏心量,使得旋转轴成为压缩机系统的激励源,从而使压缩机发生受迫振动,这就给转速测试创造了条件,可以在外壳上装加速度传感器采集振动信号。

6.5.2　实验的目的和实验装置的工作原理

　　实验的目的就是要观察图 6.5.1 所示压缩机的受迫振动,它一定有振动信号在外壳上,但需要用专门仪器采集信号,并进行测试分析。它有动态的特征,从而可选用几种合适的实验装置,用不同方法测试出这个不可见轴的转速。

　　理论上若将压缩机的水平方向看作单自由度受迫振动模型,那么它的振动微分方程为

$$M\ddot{y}+c\dot{y}+ky=me\omega^2\sin\omega t+\cdots \tag{6.10}$$

式中,ω 为转子的角速度,e 为偏心距,m 为压缩机旋转体的质量,k 为系统刚度,c 为系统阻尼系数,M 为压缩机质量,这个受迫振动方程的稳态解形式为

$$y=B\cos(\omega t+\alpha) \tag{6.11}$$

式中,α 是阻尼系数 C 有关的相位角。由此式可见,存在频率保存性(响应的频率与激励的频率对应)。即激励是周期性的,且是确定的,激励的圆频率就是转动轴的角速度 ω,则位移响应、速度响应、加速度响应的频率也都是 ω。所以只要把响应的基本频率 ω 经过测试、分析、处理,便得到此不可见轴的转速,即

$$n=60\frac{\omega}{2\pi} \tag{6.12}$$

　　从式(6.12)可见,只要知道振动的时域信号(波形),即知周期 T,从而可算

出圆频率 ω，则可算出压缩机的转速 n；从式（6.10）可见，只要将两边进行傅里叶变换，就得到频域信号的频谱图，从而知道基本圆频率 ω，这样，也可得到压缩机的转速；从式（6.11）可知受迫振动的振幅 B 与 ω 有关，事先进行好标定工作，也可以从振动幅值去推算压缩机的转速，这称为幅域信息识别方法。

目前，最先进的仪器是如图 6.5.4 所示的一种数字、记忆、储存各域分析的示波器，它采集压缩机外壳的振动信号，经过处理变为三个域（频域、时域、幅域）的信息，从而得出压缩机不可见轴的转速。

视频 6-11
用数字记忆示波
器分析信号

图 6.5.4

6.5.3　测试压缩机外壳振动响应的频谱分析方法（方法一）

将图 6.5.5 所示加速度传感器的信号进行采集、放大、频谱分析。若要知道此不可见轴压缩机的转速，就需要用信号分析处理系统，这对于生产线上的检验就不太方便（但仅用来验算或标定是可行的）。

1. 仪器的示意图与简介（图 6.5.5）

图 6.5.5(a) 所示是目前较先进的信号分析系统，它特别适用于对振动信号进行频谱分析。图 6.5.5(b) 所示是普通示波器，可显示振动波形，进而可算出转速，采用的是时域分析方法。

视频 6-12
不 可 见 轴 转 速
测试

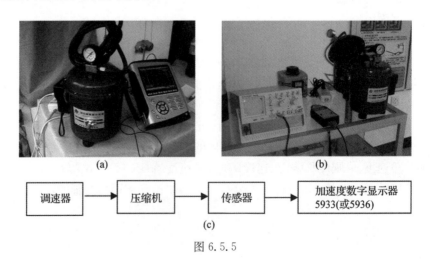

图 6.5.5

2.测试分析原理图(图 6.5.6)

由于压缩机转动的激励是周期性的,按照傅里叶级数展开,它的频率成分是成倍频的,基频为 $f=\dfrac{\omega}{2\pi}$,倍频为 $2f$,$3f$,……而频谱分析上是线谱,且能量主要集中在基频上(在变频空调上压缩机的能量是集中在二倍频基础上)。所以,从频谱图上即知不可见轴的转速 $n=60f$(变频压缩机是 $n=60\times2f$)。

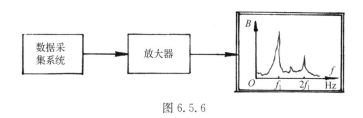

图 6.5.6

3.测试方法

首先将压缩机及其他配套仪器按图 6.5.5(c)所示框图进行接线,再利用调速器(又称自耦变压器)调节交流电压,输入为 220V,输出为 0~240V(可以变动),分别记录各个电压对应的转速在表 6.5.1 中,当电压为 220V 时,产品运转转速是正常的使用转速。

表 6.5.1

次数 1	电压 U/V						
	160	170	180	190	200	210	220
转速 $n=60f$							

6.5.4　测试压缩机外壳振动波形法(方法二)

压缩机外壳振动信号是周期性的波形(图 6.5.7),它的周期 T 可以从图像上显示出来,则压缩机的转速

$$n=60\frac{1}{T} \qquad (6.13)$$

式中:T 为周期,单位为 s。

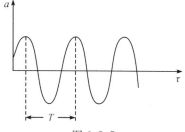

图 6.5.7

1.仪器的示意图与简介

将已配置齐全的仪器按图 6.5.8 所示框图进行接线,调节自耦变压器的交流电压,输入为 220V,输出为 0~240V(可以变动),当电压为 220V 时,产品的运转转速就是正常转速。

图 6.5.8

2. 测试方法

给定一个输出电压,一般取 160V(起步电压),此时压缩机实现低速运转(低于工作转速),振动响应在加速度显示器上反映出的数字是跳动的,从示波器上进行调零、调水平、细调、微调和采用合适的衰减等把振动波形稳定显示出来,如图 6.5.7 所示。若由于种种原因(如测试场所的电压、电流不稳,示波器调试技术不熟练等)波形不稳定,还可以采用数码相机拍摄瞬时的示波器显示屏上的波形,见图 6.5.9(a)或 6.5.9(b)(经数字、记忆和储存示波器上显示的波形),将数码相机信号输入电脑中显示,就能读出周期 T,这样就知道了此种状态的压缩机转速。

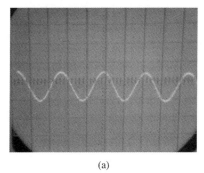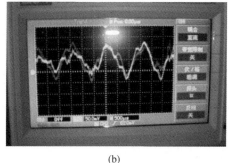

(a)　　　　　　　　　　　　　(b)

图 6.5.9

6.5.5　测试压缩机外壳振动的幅值推算出转速的方法(方法三)

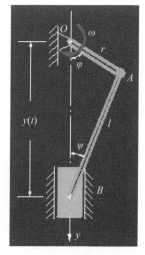

压缩机是曲柄滑块机构(图 6.5.10),它把主动件的旋转运动转换为从动件的直线往复运动(或相反)。以图 6.5.10 所示的电冰箱压缩机为例,活塞的运动规律为

$$y(t) = |OB| = r\cos\varphi + l\cos\psi \approx r\cos\omega t + l\left[1 - \frac{1}{4}\left(\frac{r}{l}\right)^2 + \frac{1}{4}\frac{r^2}{l^2}\cos 2\omega t\right] \quad (6.14)$$

式(6.14)在理论力学教科书中均有详细推导,有广泛应用。由此可见,活塞作平动,运动规律主要由两个谐振动(圆频率为 ω 和 2ω)组合而成。

从式(6.14)知,由于 r 比 l 小得多,可近似认为 $y \approx l + r\cos\omega t$,则加速度 $a \approx -r\omega^2\cos\omega t$,加速度最大值 $a_{max} \approx r\omega^2$,若压缩机曲柄转速为 n,则 $n = \frac{60\omega}{2\pi}$,由此可

图 6.5.10

导出活塞最大加速度与转速之间的关系式为 $n \approx 9.55\sqrt{a_{max}/r}$。实际应用时,由于传感器没有装在活塞上,而是装在外壳上,有

的还在外壳内与压缩机系统之间安装了减振弹簧,这个传递还有一个减振修正,即 $n \approx 9.55 \sqrt{a_{max}^* \beta / r}$,式中 a_{max}^* 为外壳顶上的最大加速度,β 为修正系数,事先可以通过频谱分析方法进行标定,即

$$a_{max} = \beta a_{max}^* \tag{6.15}$$

知道了数据 a_{max},代入式(6.15)就可以算出不可见轴压缩机转轴的转速。

1. 仪器的示意图与简介

将各仪器按图 6.5.11(a)所示框图接好线,其中加速度显示器升级型(可与电脑连接)为数字多功能型,见图 6.5.11(b),将传感器用强磁铁吸附在压缩机的外壳上,加速度显示器右侧有两挡开关,L 表示振动量小的显示,H 表示振动量大的显示;左侧有三挡开关,即位移 S 是峰值,单位为 μm,速度 v 是均方根值,单位为 mm/s,加速度 a 是峰峰值,单位为 m/s²。

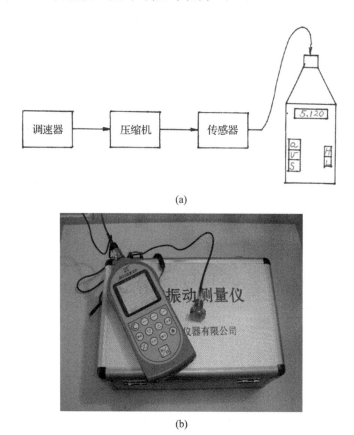

图 6.5.11

当压缩机运转时,可以看到加速度显示器的数字显示仪上读数在跳动,可以选择读取最大的,也可以读取最小的。

2. 测试方法

给定一个输出电压,振动响应在加速度显示器上可以读出 a_{max}^*,乘以事先给

定的标定好的修正系数 β,得

$$a_{max}^* = \frac{a_{max}}{\beta} \text{ 或 } a_{max} = \beta a_{max}^* \tag{6.16}$$

再将 a_{max}^* 代入导出的转速公式

$$n \approx 9.55 \sqrt{a_{max}^* \beta / r} \tag{6.17}$$

经计算,就知此不可见轴的转速 n。

6.6　功率、力矩、转速与机械效率

6.6.1　实验的目的和要点

对一些作为动力源的产品,如柴油机、汽油发动机、电动机等,都需要有表示它性能的一些重要参数。这些参数有专用设备(图 6.6.1 测试发动机的台架,图 6.6.2 测试电机的实验台)进行测试,也有非专用设备及仪器组合的系统进行现场测试,目的是获得动力源等产品的功率、效率等参数。设置该实验可以掌握测试理论、原理、技术、方法、仪器使用等,还可学会在实验过程中如何减小误差和排除故障以及对数据进行正确记录和处理,这是培养学生创新、动手能力的好机会。

图 6.6.1   图 6.6.2

6.6.2　实验装置与工作原理

图 6.6.3(a)所示是指针式测力计、直流电源、直流电机固定架三部分组成的实验装置。图 6.6.3(b)所示是升级后的新装置,测力计是数字式,且数据可输入电脑进行记录、储存、统计等处理,直流电源不变,电机固定的支架也有所不同,支架升降的位移采用螺旋测微器(图 6.6.4)与电子游标卡(图 6.6.5)相结合的办法。这套装置还有另外一个用途,即用于测试小弹簧刚度(测试弹簧受力与变形间关系时),位移变动也是数字式的且精度很高。

 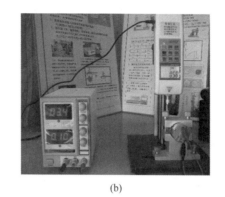

(a) (b)

图 6.6.3

图 6.6.4 图 6.6.5

1. 理论公式与推导

在理论力学中,已经得到导数形式的动能定理,即

(1)功率方程

$$P=\frac{\mathrm{d}W}{\mathrm{d}t}或 P=F \cdot v \tag{6.18}$$

式中,P 为作用在物体上的力的功率,而力作用在转动刚体上时,功率可表示为 $P=M\omega$。功率的单位为 W(瓦特),$1\mathrm{W}=1\mathrm{J/s}$。

功率方程:质点系动能对时间的一阶导数等于作用于质点系所有力的功率的代数和。定义机械效率:

$$\eta=有效功率/输入功率 \tag{6.19}$$

(2)直流电机的输入功率等于输入电流 I 乘以输入电压 U

$$P_入=IU \tag{6.20}$$

式中,$P_入$ 的单位是 W,I 的单位是 A,U 的单位是 V。

(3)动力源(交、直流电机,发动机等)输出功率的计算公式

$$P_出=Mn/9550 \tag{6.21}$$

式中,$P_出$ 的单位为 kW,M 单位是 N·m,n 的单位是 r/min。

2. 仪器布置的示意图(图 6.6.6)与简介

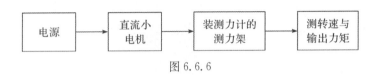

图 6.6.6

图 6.6.7 中,(a)为直流电机夹紧器,(b)为数字式测力计,实验装置安装好以后需调零,(c)为测力计上下移动的细牙螺旋器,(d)为滑轮及吊钩砝码,(e)为试验过程的激光转速测试仪。

图 6.6.7

1) 电源

交流电 220V 输入,输出为直流电,有电压与电流两只仪表指示,并有粗调和细调两挡,将此直流电输入直流电机的两个极上,电机即开始运转。

2) 直流小电机

将直流小电机夹在隔磁的小老虎钳台上(或升级型为两个 V 形夹块内),不要太紧也不宜太松,以不动为准。直流电源正向接线,电机顺时针转动;反向接线,电机逆时针转动。测试力矩时,电机的轴上装有滑轮,电机的转向要与图 6.6.8 所示滑轮上的绕线旋转方向一致,绕线的一端挂上合适重量的砝码。

3) 测试力矩装置(图 6.6.8)

输出力矩:

$$M=F_1r=(F_T-F_W)r \tag{6.22}$$

视频 6-13
电机功率力矩的
测试方法

测试架上有 0～10N 的测力计,它有调零按钮,又有对准零刻度的转动盘。

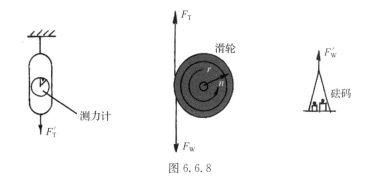

图 6.6.8

4) 测转速仪

用红外线转速仪,将激光束对准滑轮上的平面,见图 6.6.7(e),事先在滑轮上贴一条反光线,当此线闪光次数与转速仪内闪光次数一致时,可读出转速是每分钟多少转(r/min),该仪器还有记忆按钮。

6.7 转动惯量测定的三线摆法

转动惯量是刚体(绕轴)转动惯性的度量。刚体的转动惯量在工业领域中意义重大:导弹、卫星、飞机及船舶的姿态调整,大型水轮机及小型旋转机械的结构设计等,均依赖于对转动惯量的精确测量。

对于规则的均匀物体,通过定义公式,并结合平行轴定理、组合法和负体积法,可直接计算转动惯量。然而,一方面,均匀材料及结构的参数(如材料密度和结构尺寸等)不一定十分准确;另一方面,对于大多数工程构件,其结构形式及材料组成和分布十分复杂,不可能应用上述计算方法。此时,将不得不诉诸实验方法。

实验方法主要包括落体法、复摆法和扭振法等。其中,作为典型扭振法的三线摆测量法具有物理概念明确、操作简单、计算方便等优点。三线摆法在工业领域中被广泛采用,多年来也一直被列为工科大类基础力学实验教学的必备项目。浙江大学力学实验教学中心自 2002 年起就开设了三线摆实验。结合多年的教学经验,于 2016—2017 学年对实验装置进行了改进,在近几年的教学实践中,体现了良好的教学效果。

6.7.1 测量原理和误差说明

三线摆测量转动惯量的原理是:三根等长线对称悬吊的物体由(较小的)初始扭转角释放后,发生扭转振动;扭转振动的频率(或周期)依赖于被悬吊物体的绕转轴的转动惯量;通过测量扭振周期即可计算被悬吊物的转动惯量。在推导过程中,忽略被悬吊物竖向平动动能的影响、引入摆线的小倾角假设以及小

扭转角假设,可以导出转动惯量与各物理量和几何量的显式关系,得到转动惯量测量值的计算公式:

$$J = \frac{mRrg}{4\pi^2 H}T^2 \tag{6.23}$$

式中,J 为转动惯量,m 为待测物质量,R 和 r 分别为下圆盘和上圆盘的有效半径,H 为上下圆盘的竖直距离,T 为扭振周期。

由计算公式可知,影响测量精度的因素包括 m(待测物质量)、R 和 r(圆盘有效半径)、H(圆盘间的竖直距离)以及 T(扭振周期)。这些量中的任何一个不准确都会引起计算误差。误差传递关系为

$$\frac{\Delta J}{J} = \frac{\dfrac{(m+\Delta m)(R+\Delta R)(r+\Delta r)g}{4\pi^2(H+\Delta H)}(T+\Delta T)^2}{\dfrac{mRrg}{4\pi^2 H}T^2} - 1 = \frac{\Delta m}{m} + \frac{\Delta R}{R} + \frac{\Delta r}{r} + \frac{\Delta H}{H} + 2\frac{\Delta T}{T}$$

由此可见,m、R、r、H 的贡献相同(系数均为 1),而 T 的贡献最大(系数为 2)。

值得注意的是:

(1)转动惯量计算式(6.23)是有严格的成立条件的。整个推导过程中要求无阻尼、圆盘面水平、小倾角和小扭转角、定轴转动、弦线无质量且不弯曲等。危害上述任一条件的测量最终给出的结果都是有问题的。

(2)做转动惯量实验的试件,最合适的是产品实物,如发动机的摇臂、皮星级人造卫星、小型陀螺等均质或非均质物体。若对大型物体(如飞机、船舶、汽车等)采用缩小的模型时,需十分注意试件的实验数据不能随便推算、放大到实物中去,必须注意几何相似绝对不等于物理相似,推算时要遵守相似理论(对转动惯量而言,两个大小不同的物体可以是几何相似的,但物理上是绝对不相似的)。

6.7.2　实验的仪器及操作

一种三线摆实验装置整体结构如图 6.7.1 所示,下圆盘 A(也称为主圆盘)用于承载待测量物,上圆盘 B 用于悬挂摆线。下圆盘为重量约 1.4kg 的钢质圆盘(直径 190mm,厚度 7mm),并使用较为柔软的悬线,保证空载时悬线完全绷直。

实验开始前,先调整好下圆盘 A 和上圆盘 B 的水平度对于控制好实验结果的精度十分重要。首先需要调整的是上圆盘 B:在制造过程中通过加工精度的控制,保证了上圆盘与底座的平行度,将小水平仪置于底座上,调整底座方盘下的三个旋钮,就可以调整上圆盘 B 的水平度(操作见视频 6-14)。

下圆盘 A 的水平度通过微调三根摆线的长度实现:将小水平仪置于下圆盘 A 上,微调功能通过在上圆盘 B 处摆线抽动位置设置微调旋钮实现(如图 6.7.2),旋钮下侧的锁钮松开就能微调摆线长度,锁钮锁定就能固定线长(操作见视频 6-15)。

视频 6-14
三线摆上圆盘调水平

视频 6-15
三线摆下圆盘调水平

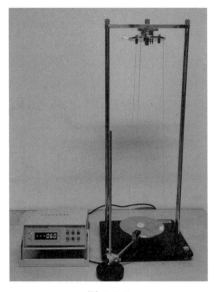

图 6.7.1　　　　　　　　　　　　　　图 6.7.2

　　增加摆线的长度,可以减小上下圆盘的竖直距离 H 测量的相对误差,在圆盘扭振角度相同的情况下,摆线越长则侧倾的角度就越小,这有利于提高测量结果的精度。仪器两平行不锈钢杆总长达到了 1000mm,悬线长度可以在 $300\sim$ 850mm 范围分挡调节,可以比较不同摆线长度下测得的转动惯量的误差。在教学实验中,需要能快速地整体调节摆线的长度,为此,我们设置了三轨旋钮整体粗调旋盘。旋盘加工了三道轨道绕线,摆线头卡在旋钮各自心部位置用微柱头螺栓锁定(图 6.7.2)。三线伸缩各有各的轨道,操作方便且效率高,操作见视频 6-16。

视频 6-16
三线摆摆线长度
调整

　　三线摆的扭振始于初始扭转角。通常是用双手施加力偶矩给下圆盘 A,从而使下圆盘获得初始扭转角。然而,这种徒手操作很难精确控制,往往在施加了初始扭转角的同时,也使下圆盘 A 中心偏离了原垂线位置。从受力方面看,这相当于双手的操作在引入力偶的同时($\sum M \neq 0$),也引入了一个侧向力($\sum F \neq 0$),力偶引起下圆盘 A 转动,而侧向力引起盘心位置侧移。释放后,三线摆同时发生扭转振动和摆动,这属于复合运动。此时,测得的周期明显增大,从而导致测量误差偏大,因此,直接驱动下圆盘 A 做扭振是不可取的。驱动上圆盘 B,由等长的悬线间接驱动下圆盘 A 扭振,这样不会轻易引起下圆盘 A 中心的侧移,也就不会引起耦合的摆振。要使上圆盘 B 能轻松地左右转动,需要设置摩擦因数小的聚四氟圆板作过渡。为了控制上圆盘 B 只能小角度转动,设置了转动幅度控制的约束。

　　扭振不同于摆振,人眼观察周期个数(如 30 个周期),常容易多读或少读一个周期,而且计时精度较差。在大圆盘外圆设置一根棒状挡光杆,使用光电门扫描计算周期时间,就能很好地解决扭振周期测量问题,该方法简单、方便且准确。

　　实验仪器操作的过程见视频 6-17。

视频 6-17
三线摆测试过程

6.7.3　实验教学安排

在实际实验教学过程中,可要求学生完成如下工作:

(1)对被测物体转动惯量与三线摆各物理量和几何量的关系公式进行推导。这个过程可以有效地加深学生对转动惯量以及三线摆工作原理的理解,特别是让学生清楚地认识到影响测量的各种因素。

(2)测量下圆盘 A 的转动惯量并与理论值对比。下圆盘可以简化为一个均质圆盘,其转动惯量可以通过理论公式计算得到,比较测量值与理论值即可得到测量的相对误差。近年来的实验教学中,我们规定测量误差(三组测量中至少有一组)必须小于1%,学生均能很好地完成实验。

(3)捕捉影响测量精度的因素。上一节提到,不同的摆线长度对测量精度是有影响的,当学生经过上一步的锻炼,仪器操作已经完全没有问题之后,可以使用不同(且差别较大)的摆线长度测量下圆盘 A 的转动惯量,比较测量精度的影响。或者,可以使用不同的振幅、用手转动下圆盘使其包含平动等,对比各种情况下测量精度的差别。

(4)验证平行轴定理。将两个圆柱形质量块对称摆放在下圆盘上,下圆盘、质量块自身通过质心的转动惯量都可以由理论计算得到。由于质量块的质心不在旋转轴上,此时下圆盘和质量块的转动惯量还需要加上平行轴定理的部分。调整圆柱形质量块的间距,对比转动惯量理论值和测量值,可以验证平行轴定理。

(5)测量非均质物体的转动惯量。这是一个实际工程问题,对于一个实际的非均质物体,可以采用直接测量或等效法两种方式,而等效测量可以有效减少测量过程潜在的误差源,在工程上非常有价值。在上一步验证平行轴定理时,可以使用一对总质量和被测非均质物体质量相同的质量块,可以得到质量块间距与扭转周期的关系曲线,被测物体置于下圆盘上的扭转周期可以在关系曲线上找到对应的等效间距,等效间距的一半就是平行轴,被测物体的转动惯量即可通过平行轴定理得到。使用这样的等效法,只需要保证测量过程中的几何量不变即可,几何量的相对误差对测量精度的影响被消除了。

6.8　刚性转子动平衡测试

要使转子完全平衡,从理论上讲应使转子每个横截面上的偏心距为零,但这种要求是不可能实现的,一般采用在转子轴向的若干平面上加上适当校正质量,使转子达到平衡要求。可以在任意选定的两个校正平面上进行平衡校正,且校正之后,直至最高工作转速的任意转速和接近实际的支承条件下,其不平衡量均不明显超过许用不平衡量的转子,这种转子称为刚性转子。刚性转子工作转速远低于最低阶临界转速,因此本身弯曲变形很小,转子的不平衡分布不会因转速变化而变化。

对于刚性转子,不平衡分为力不平衡和力偶不平衡两种情况。在力不平衡的情况下,转子两端的相位基本上相同,可以使用单平面平衡,先在振动大的一端进入平衡,如果振动仍然不合格,则在另一端进行单平面平衡,过程相对简单。力偶不平衡可以简化为转子两端存在两个反向的不平衡力,应该用双平面平衡或者必须分两次用单平面平衡。

刚性转子动平衡的实验装置如图 6.8.1 所示。转子轴上固定有三个圆盘,两端用含油轴承支承,用调速器调节转速。测量设备包括:光电变换器,用于标定振动的零相位角;电涡流位移计,用于测量两端支撑处的振动。

图 6.8.1

刚性转子上的三个盘都有一定的初始不平衡,且可以在任意角度附加一定质量。两侧的两个盘分别被标记为Ⅰ盘(远离电机)和Ⅱ盘(靠近电机),实验过程中需要在其上附加质量;中间盘片实验过程中不操作,但是可以在实验前附加特定质量,使得转子整体的不平衡状态较明显,或改变初始的不平衡状态。

实验步骤为:

(1)启动计算机,打开软件并连接测量设备,软件界面如图 6.8.2 所示。

(2)将转速控制器转速设定为 1200~1800r/min,启动转子。

(3)记录转子原始不平衡引起 A、B 轴承座振动位移基频成分的幅值和相位角 $V_{A0} \angle \psi_{A0}$、$V_{B0} \angle \psi_{B0}$。

(4)在Ⅰ盘上任一选定方位加试重 m_1。需先测量并记录 m_1 的值(用电子天平测量,可取其在 10~15g)及固定的相位角 β_1。

(5)启动转子,记录转子Ⅰ盘加试重质量后引起的 A、B 轴承座振动位移基频成分的幅值和相位角 $V_{A1} \angle \psi_{A1}$、$V_{B1} \angle \psi_{B1}$。

(6)在Ⅱ盘上任一选定方位加试重 m_2。需先取下Ⅰ盘上的试重 m_1,测量并记录 m_2 的值及固定的相位角 β_2。

(7)启动转子,记录转子Ⅱ盘加试重质量后引起的 A、B 轴承座振动位移基频成分的幅值和相位角 $V_{A2} \angle \psi_{A2}$、$V_{B2} \angle \psi_{B2}$。

(8)使用软件计算出 Ⅰ 盘、Ⅱ 盘上需要附加的质量及角度,使用电子天平称量出需要的配重质量,并按照相应的角度附加质量。需先取下 Ⅱ 盘的试重 m_2。

(9)启动转子,记录转子 Ⅰ 盘、Ⅱ 盘附加质量后引起的 A、B 轴承座残余振动位移基频成分的幅值和相位角 $V_{Af} \angle \psi_{Af}$、$V_{Bf} \angle \psi_{Bf}$。

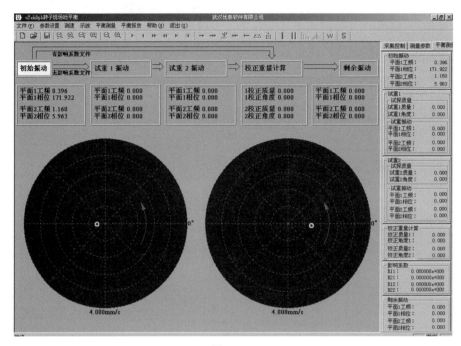

图 6.8.2

实验过程中将数据记录在表 6.8.1 中,完成后计算残余振动比例。由于 Ⅰ、Ⅱ 盘尺寸较小,试重及附加质量时角度难以做到十分精确,一般要求学生将残余振动比例控制在 30% 以下即可。

表 6.8.1   数据记录表

转速 $n_b =$ _____ r/min   实验日期:_____

	A轴承Ⅰ盘		B轴承Ⅱ盘	
	幅值	相位	幅值	相位
原始振动 V_{A0}、V_{B0}	μm	°	μm	°
Ⅰ盘上试重质量 m_1	g	°		
试重1振动量 V_{A1}、V_{B1}	μm	°	μm	°
Ⅱ盘上试重质量 m_2			g	°
试重2振动量 V_{A2}、V_{B2}	μm	°	μm	°
Ⅰ、Ⅱ盘附加质量 m_{1a}、m_{2a}	g	°	g	°
残余振动量 V_{Af}、V_{Bf}	μm	°	μm	°
残余振动比例	%		%	

第7章
探究性实验

创新是科学技术发展乃至民族发展的灵魂。开发性、创新性、研究性、应用性、交叉性的实验，需要充分应用理论力学等实验研究探索才可以完成，这样的实验教学有着其他教学形式无法实现和替代的作用。

让学生不但知道"是什么"和"为什么"，还知道"怎么用"，从"验证"到"探究"、从"动手"到"动脑"，这就是基础实验和探究性实验的差别。探究性实验旨在强化对学生综合能力的训练，培养学生分析问题和解决问题的能力、团队协作的能力，提升学生的创新意识和创新人格（责任心、上进心、自信心）。

7.1 探究性实验项目概述

探究性实验一般采用课题制，将实验项目课题化，课题具有科普性、应用性或明确的工程背景，可以有效地提高学生的兴趣，学生自主选择题目并独立完成。由于实验项目具有设计性、研究性、综合性、探索性的特点，需要注意因材施教：重点向工程力学、航空航天、机械、土木等专业开放，鼓励其他工科专业学有余力的学生尝试。

实验开始前由指导教师介绍可选择的项目，学生根据兴趣爱好和个人能力自由组队（3～5 人/组）并确定实验内容。一个课题一般课内 8～10 学时（4～6周），课外时间不限，实验室长期开放，学生随时可做实验。

实施中指导教师不主动对学生进行指导，主要是引导学生对课题深入思考，启发学生的创造力，并重点传授实验技能。学生是课题实施过程中的主角，从查阅文献、设计并修正实验方案，到动手制作实验装置并依照要求进行测试，对实验数据进行分析、计算，经过总结后撰写出小论文。

实验报告以小论文的形式提交，以 PPT 答辩的方式进行考核。小论文内容主要包括：预备知识、方案制定、实际操作中碰到的问题及解决方法、后续改进方案，并着重叙述实验的体会和收获。每个项目都有不完全相同的评价指标，小论文的撰写以及 PPT 答辩的临场发挥也是评价的重要依据。

本章将介绍应用理论力学为主的知识开发的以下探究性实验项目：

（1）大跨度桥梁设计。这是一个静力学方向的实验项目，旨在强化学生的受力分析能力，同时极大地锻炼学生的动手制作能力；由于桥梁的工程背景，本项目非常适合土木、交通、水利等专业方向的学生；同时，由于项目制作成本很低，也非常适合大范围开展。

（2）空间桁架设计。本项目特点与大跨度桥梁设计相同。

（3）反重力结构设计。这也是一个静力学方向的项目,除了要求学生有较强的受力分析能力外,还需要学生能开拓思路,制作出新颖的结构。

（4）随遇平衡系统设计。这个项目主要是从势能保持不变的角度出发,设计一个随遇平衡系统,需要学生对势能及能量传递、转换的知识点有充分的认识,并积极开拓思路。

（5）准零刚度隔振系统设计。机械振动与日常生活息息相关,研究简便而有效的隔振材料及隔振体系一直都是科技界的热点方向。准零刚度系统的刚度"高静低动",用于隔振有较好的宽频特性及低频特性,而其设计思路并不复杂,学生通过理论力学所学的知识完全可以体验前沿科技的效果。

（6）四驱四转移动机器人设计。运动学一直是理论力学教学的难点,有很多机构学生想象不出是怎么运动的,要找出各个运动量的关系就很难。这个项目除了对学生的运动学应用能力有很大的锻炼,对学生设计、编程等综合应用能力挑战也非常大。

（7）多足机器人设计。同样是一个机器人的题目,但需要用到更多运动学、动力学知识,结构更复杂,控制难度更大。

（8）球形机器人设计。本项目特点与多足机器人设计相同。

（9）异形机器人设计。本项目特点与多足机器人设计相同。

这些实验需要用到大量的理论力学知识,可以有效锻炼并提升学生应用理论力学知识去解决实际问题的能力。

7.2　大跨度桥梁设计

7.2.1　工程背景

桥梁在我们生活中十分常见,一般指架设在江河湖海上、使车辆行人等能顺利通行的构筑物。为适应现代交通行业的发展变化要求,桥梁亦引申为跨越山涧、不良地质或满足其他交通需要而架设的使通行更加便捷的建筑物。在历史上,每当运输工具发生重大变化时,其对桥梁在载重、跨度等方面就会提出新的要求,从而推动了桥梁工程技术的发展。

最早的桥梁不过是原始时代自然倒下的树木,或是溪涧凸出的石头等。在古代,桥梁的结构比较简单,材料的强度也不高,以木桥和石桥为主,近代的桥梁种类则多了许多,如拱桥、钢结构桥、钢筋混凝土桥、斜拉桥、悬索桥。到了现代,预应力混凝土和高强度钢材相继出现,材料塑性理论和极限理论的研究,桥梁振动的研究和空气动力学的研究,以及土力学的研究等获得了重大进展,这些都为节约桥梁建筑材料、减轻桥重,预测基础下沉深度和确定其承载力提供了科学的依据。近代桥梁建造和桥梁科学理论相辅相成,互相促进,可以预见:未来的桥梁建设将更注重新技术、新工艺、新材料、新设备等方面的广泛应用。

作为交通基础设施的重要组成部分,桥梁为国家经济社会的发展提供重要支持。中国自古以来就是桥梁建设大国,特别是近三十年来保持着年均增长 3 万座桥梁的建设速度,极大地推动了中国交通行业的发展,也取得非常多举世瞩目的成就。例如,杭州湾跨海大桥的通车,就使得宁波和上海之间的路程缩短了 120km,节省了一个多小时的时间,充分体现了桥梁对于公共交通的重要性。历时近十年、投资近千亿建成的港珠澳大桥,显示出了当今桥梁工程迅猛发展的趋势,堪称人类工程的奇迹。

《公路桥涵设计通用规范》规定:多孔跨径总长大于 1000m 或单孔跨径大于 150m 为特大桥,多孔跨径总长在 100m 到 1000m 之间或单孔跨径在 40m 到 150m 之间为大桥。上面提到的两座桥都属于特大桥,属于大桥范畴的桥梁就太多了。

大跨度桥梁则重点关注单孔跨径,一般指单孔跨径大于 100m 的桥梁。大跨度桥梁设计的主要挑战包括结构稳定性、风荷载、地震荷载、施工技术等方面。由于桥梁自身重量较大,对于结构的稳定性有较高要求。此外,大跨度桥梁通常会承受较大的风荷载,因此需要采用适当的设计措施来抵御风载荷的影响。进入 21 世纪后,中国已经成为世界特大跨径桥梁建设的中心舞台,这也是我国科技实力的一个重要体现。

除此之外,桥梁也是一种立体造型艺术工程,具有极大的美学价值,一座结构合理、造型独特的桥梁,往往能给人以美的享受。因此,在设计桥梁时往往要综合考虑,既要保证桥梁本身的功能性,又要注重其美学价值的体现。

7.2.2　实验要求

使用竹筷作为主材设计并制作如图 7.2.1 所示的一个"大跨度"桥梁:桥面长 70cm、桥面高 18cm、桥墩间距 50cm、桥面宽度不限(以方便加载为主)。虽然跨度只有 50cm,但是考虑到"建筑"用的主要材料是强度不高且单根长度仅 15～20cm 的竹筷,设计和制作的难度也不小。

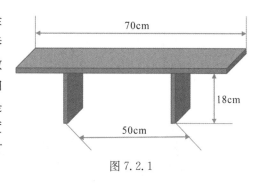

图 7.2.1

实验材料:

由指导教师统一提供 30～50 双竹筷,实验室提供常用的工具,另外的辅助材料,如棉线、胶水等,可由学生自备。竹筷的成本并不高,但作为主材,需要由指导教师集中采购并分配,主要是便于评价阶段的标准统一。

评价指标:

(1)跨中的承载能力。由于制备桥梁不一定要用完全部的材料,使用材料多承重大是理所当然的,单独考核承重数据意义不大,项目实施过程中我们考核的是"最大承重/桥梁自重"的比值,这更能够体现大跨度桥梁设计过程中不是单纯地增加材料用量,而是合理优化结构,在保证足够的安全系数的前提下充分发挥材料的性能。

（2）结构造型。正如上一节提到的，好的桥梁也是一件艺术品。因此，桥梁结构的新颖、美观、合理也是一个重要的指标。

（3）工艺水平。本项目能极大地锻炼学生动手制作能力，对此一个重要的体现就是制作的工艺水平。制作的精细化程度对最终的承重能力影响也是非常大的，特别是筷子连接处的节点工艺。

7.2.3　学生作品

由于学生在设计优化、动手制作等各方面能力差异明显，所以最终的承重比差异也很大，大部分集中在 $80\sim150$ 倍，但也有部分学生的作品是不错的。

第一年开展这个项目，就有学生提交了承重比达到 193 倍的作品。桥梁结构如图 7.2.2 所示，完工后的桥梁自重 2.06N，而跨中的最大承载达到了 397N，几乎发挥了筷子的全部力学性能，加载过程如图 7.2.3 所示。由于是第一年开展，使用质量块加载，最终桥梁破坏发生倒塌，还是有一定的危险性（见视频 7-1），因此我们后续开发了专门的加载装置。

视频 7-1
筷子桥倒塌过程
（慢速）

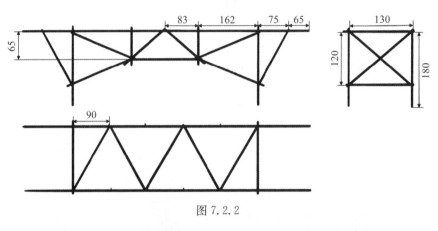

图 7.2.2

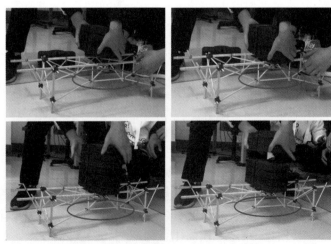

图 7.2.3

接下来几年,有学生借助简单的有限元软件对桥梁结构进行了进一步的优化,如图 7.2.4 所示是一组学生利用 SMSolver 软件优化后的最终结构。通过软件分析结果,他们发现部分杆件基本只承受轴向的拉力,因此将这些杆件替换成强度较高的风筝线,并进一步通过张紧这些线来施加预应力,使桥梁初始状态下桥面向上拱起,如图 7.2.5 所示。这个作品最终的承重比达到了惊人的 510 倍,虽然由于桥墩底部也张拉了两组线涉嫌违规,这一成绩最终未被认定,但还是要对学生们的不断进取创新做出肯定。

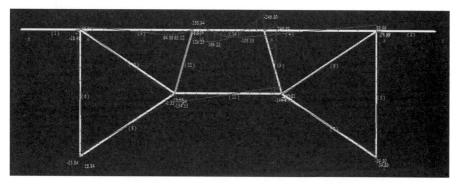

图 7.2.4

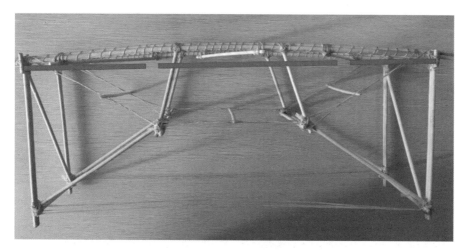

图 7.2.5

7.3　空间桁架设计

7.3.1　工程背景

桁架是一种由杆件彼此在两端用铰链连接而成的结构。桁架的优点是杆件主要承受拉力或压力,可以充分发挥材料的作用,节约材料,减轻结构重量。

杆件间的结合点称为节点(或结点),在工程应用中需要综合考虑多种因素,不一定完全采用铰接,也可通过焊接、铆接或螺栓连接。按力学性质来分,有静定桁架和静不定桁架两大类。

根据组成桁架杆件的轴线和所受外力的分布情况,桁架可分为平面桁架和空间桁架。屋架或桥梁等空间结构是由一系列互相平行的平面桁架所组成的,若它们主要承受的是平面载荷,可简化为平面桁架来计算。

空间桁架各杆件的轴线和所受外力不在同一平面上。在工程上,有些空间桁架不能简化为平面桁架来处理,如网架结构、塔架、起重机构架等。空间桁架结构也广泛应用于桥梁、体育馆、机场、车站等大尺寸及特殊造型建筑物上,已经成为一个越来越普遍的建筑技术。结构处在三维空间的受力状态下,能承受来自各个方向的载荷,对大跨距建筑物的抗震能发挥更好的功用。

图 7.3.1 为 1890 年建成的福斯湾铁路桥,是那个时代的代表作。全桥共计 3 个桥塔,6 个伸臂悬挑长 206m,为静定悬臂桁架梁桥结构。大桥主跨跨径 520m,这在当时是前所未有的大跨度,在主跨的两个悬臂桁架之间,架设了一跨 120m 长的简支桁架。因场地风力过大,桥梁桁架设计成向内倾斜。大桥建成已经有 130 年的历史,至今仍在通行客货火车,是桥梁设计和建筑史上的一个里程碑。

图 7.3.1

图 7.3.2 为国家体育场,即"鸟巢",是我国管桁架建筑的里程碑。"鸟巢"设计奇特新颖,看似杂乱无章的"钢枝条"采用钢桁架编织而成,作为世界上最大的钢结构体育场馆和世界上跨度最大的单体钢结构工程,建设过程中共使用各类钢材 11 万吨。钢结构工程由 24 榀(建筑学常用量词,一榀指一个平面结构体)门式桁架围绕着体育场内部碗状看台区旋转而成,结构组件相互支撑、形成网格状构架。

图 7.3.2

图 7.3.3 为国家大剧院,壳体外形是半个超级椭球体,其长轴长度为 212.20m,短轴长度为 143.64m,高度为 46.285m。其壳体钢结构主要由 148 榀沿椭球面均匀垂直布置的平面桁架、11840 根水平布置的环向系杆、对称布置的四块平面斜撑及顶部结构组成,也就是说国家大剧院是以众多桁架组成的壳体结构。

图 7.3.3

7.3.2　实验要求

使用竹筷作为主材设计并制作一空间桁架结构:高度 25cm(为了匹配加载装置),上下截面中最长直线距离不超过 18cm,在静载荷作用下进行承载力实验。

实验材料:

由指导教师统一提供 20～30 双竹筷,实验室提供常用的工具,另外的辅助材料,如棉线、胶水等,可由学生自备。竹筷由指导教师集中采购并分配,便于评价阶段的标准统一。

评价指标：

(1)承载能力。同样的,我们考核的是"最大承重/桁架自重"的比值,这更能够体现结构设计是否足够优化。

(2)结构造型。结构的新颖、美观、合理也是一个重要的指标。

(3)工艺水平。制作的精细化程度,特别是连接处的细节处理。

7.3.3 学生作品

图 7.3.4 所示为一完工质量 46.26g 的空间桁架作品,最大承载如图 7.3.5 所示为 351N,承重比达到 774 倍。

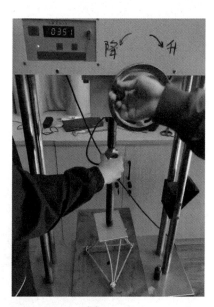

图 7.3.4   图 7.3.5

7.4 反重力结构设计

7.4.1 工程背景

只需要几根支撑杆、软性的链条或者绳子,就能制造出一个稳定的整体,给人的视觉好似几根绳子便能让物体悬浮,这就是让人感到不可思议的"反重力"现象。其实,"反重力"构件并非反重力,它是一种简单的张拉整体结构(视频 5-6)。

张拉整体结构是一个相当现代化的概念,最早是由美国著名建筑师富勒和艺术家斯内尔森在 20 世纪 60 年代探索出来的。由此概念,各国学者广泛研究,并且将张拉整体结构(tensegrity structures)定义为:一种处于自平衡状态的特殊索杆结构,索杆的组合使结构处于连续张拉状态并保持稳定平衡。

传统的建筑利用的是结构之间的压力,而张拉整体受压单位不连续,结构的力由连续性的受拉单元传递到各个构件,使得结构每个构件受力均匀,避免受力集中,这种特殊的结构形式使其在很多方面具有优势,例如质量轻、强度质量比高、力分布性优。

在建筑领域中,张拉整体结构可用于大型场馆的穹顶的设计,其中最具有代表性的是富勒创造的被称为"富勒顶"的结构。此外,对于大跨度建筑结构,张拉整体结构以其良好的力学性能在其中也有很好的应用。

在生物学中,生物系统的许多方面也都发现有张拉整体结构的特性,从细胞结构到哺乳动物机体的构造,张拉整体结构在宏观和微观尺度上均存在。哈佛大学 Ingber 等人将张拉整体概念用来研究细胞的骨架结构,"杆"和"索"分别与细胞骨架中的微管和微丝对应,提出了细胞骨架的张拉整体模型,如图 7.4.1 所示。生物体是经过了数万年的进化形成的,张拉整体结构在生物学中的研究进展也说明该结构是符合自然进化规律的。

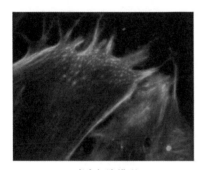 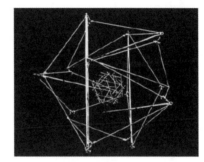

(a) 真实细胞模型   (b) 张拉整体结构仿细胞模型

图 7.4.1

在航空航天领域中,张拉整体结构也被视为极具潜力的可控制结构,可应用在如空间望远镜、飞行模拟器、折叠天线、行星探测机器人中。图 7.4.2 为张拉整体机器人。

 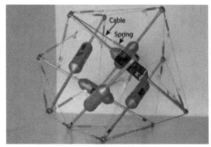

(a) TT-2张拉整体机器人   (b) TT-3张拉整体机器人

图 7.4.2

张拉整体结构是极具潜力的结构体系,正在成为"未来的结构体系",应用也将越来越广泛。

7.4.2　实验要求

利用张拉整体结构原理设计并制作一个"反重力"结构,视觉上有部分构件悬浮于空中,貌似无重力作用。

实验材料:

由指导教师提供竹筷、棉线等,实验室提供常用的工具,另外的辅助材料,如曲别针、大头针、胶水、胶带等,可由学生自备。为了达到较好的视觉效果,部分构件也可以采用 3D 打印的方式加工。

评价指标:

(1)炫酷。"反重力"的效果要的就是炫酷无比、震撼人心。可以通过各种手段提升整体的视觉效果,越是感觉不可能,分值越高。

(2)稳定性。当结构处于张拉状态时,适当用外力进行干扰,看其是否还能保持工作状态。

(3)设计思路。其实原理很简单,但是如何通过简单的设计实现就很重要。

7.4.3　学生作品

部分学生作品已在第 5 章 5.2 节中展示。

7.5　随遇平衡系统设计

7.5.1　工程背景

在力学系统里,平衡是指惯性参照系内,物体受到几个力的作用,仍保持静止状态,或匀速直线运动状态,或绕轴匀速转动的状态,叫作物体处于平衡状态,简称物体的"平衡"。因稳定度的不同,物体的平衡分为稳定平衡、随遇平衡、不稳定平衡三种情况。

凡能在被移动离开它的平衡位置后,仍试图恢复其原来位置,从而恢复到原来的平衡状态的物体,它原来的平衡状态叫"稳定平衡"。例如,图 7.5.1 中球体在一个凹进的圆盘底部位置时。

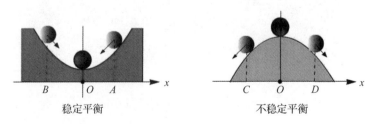

<table>
<tr><td>稳定平衡</td><td>不稳定平衡</td></tr>
</table>

图 7.5.1

　　反之,若处于平衡状态的物体在受到外力的微小扰动而偏离平衡位置时,物体无法自动恢复到原先的状态,这样的平衡叫作"不稳定平衡"。例如,图7.5.1中球体在一个凸起的圆盘顶部位置时。

　　如果物体在外界作用下,它的平衡状态不随位置的变化而改变,这种状态叫作"随遇平衡"。一般来说,任何微小的运动,既不能将其重心提高,也不能使其重心降低的物体,一定处于随遇平衡状态之下,如图7.5.2中母线与桌面接触的圆锥。随遇平衡的本质:在一定范围内系统势能保持不变。

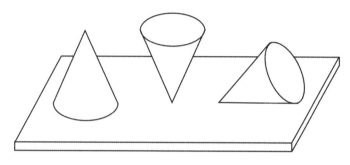

图 7.5.2

　　随遇平衡系统在日常生活中也有很多应用。例如,图7.5.3所示的台灯,利用滑轮和配重,实现了整个系统的势能不随灯头的上下移动而变化,灯头可以自由升降,并在任何高度保持静止状态。再如图7.5.4所示的平衡吊,对于特定的起吊物体,通过调节配重质量块的力臂,可以使杠杆处于随遇平衡,只需要很小的作用力,就可以将物体移动到需要的地方。

图 7.5.3

图 7.5.4

　　当然,日常生活中也有很多假的"随遇平衡系统",例如,笔记本电脑的屏幕可以折叠成不同的角度并保持静止,这些系统大多是通过摩擦的自锁现象来实现的。

7.5.2 实验要求

设计一个随遇平衡的系统。要求不能通过摩擦来实现,需要从势能保持不变的角度出发,并且不使用杠杆结构(适当增加难度)。

实验材料:

由指导教师提供弹簧、质量块等,实验室提供常用的工具,另外的辅助材料可由学生自备。如果牵涉到复杂的结构件,可以采用 3D 打印的方式加工,也可通过指导教师联系金属加工师傅。

评价指标:

(1)平衡效果。系统处于随遇平衡状态的位置范围、稳定程度。

(2)结构造型。结构简单、新颖、美观也是一个重要的指标。

(3)可拓展性。作品是否有可进一步完善、改进的空间,是否可以进一步开发出实用的物品或工具。

7.5.3 学生作品

图 7.5.5 为学生完成的一组作品。他们的设计思路是:找到一段特殊曲线的导轨,利用弹簧伸缩的势能变化来吸收质量块高度变化的势能改变,使得系统整体的势能保持不变。为此,他们应用理论力学知识列出方程,利用分离变量并积分的方法求得导轨方程,通过 3D 打印进行加工,并最终顺利完成了作品。视频 7-2 为实际测试的过程。

视频 7-2
随遇平衡系统作
品测试过程

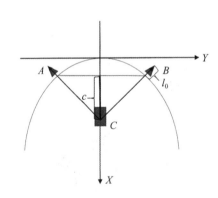

图 7.5.5

7.6 准零刚度隔振系统设计

7.6.1 工程背景

机械振动与日常生活息息相关。在机械与结构工程领域,振动会劣化精密仪器使用精度,甚至导致工程结构破坏;在交通运输中,振动会严重影响伤员、老人及新生儿的健康。因此,一直以来,研究简便而有效的隔振材料及隔振体系都是科技界的热点方向。

隔振材料及隔振体系的性能主要由两个指标决定,即宽频特性及低频特性。宽频特性关注在多宽的范围内具有显著的隔振性能,而低频特性关注能起作用的最低的频率界限。宽频特性较易实现,以橡胶阻尼层隔振为例,当外激频率显著高于系统的共振频率时,隔振效果随频率增加而增加。相比而言,低频隔振研究要难得多也重要得多。

我们在日常生活中遇到的机械振动往往都处于低频段,例如,人行走频率约为 2Hz,路面对自行车的激振频率范围为 $[0.0076, 15.722]$Hz,路面不平引起的汽车振动频率范围为 $[0.5, 25]$Hz 等。而低频振动恰恰最容易对人体产生不良影响,此频段范围内的振动在人体中的能量传递率较大,易与器官发生共振,从而影响正常的生理机能。有研究表明,未作隔振处理的医用转运车在行驶中产生的振动,会对新生婴儿的心肺功能以及大脑产生严重损伤。

依据线性隔振理论,想要得到好的低频隔振效果,需尽量降低系统固有频率。在被隔振对象质量给定的情形下,只得通过降低刚度来减小固有频率。然而,刚度的降低同时导致静态承载力下降。换句话说,线性隔振系统的动态刚度与静态承载力存在不可调和的矛盾,致使很多线性隔振器在低频范围性能极差,甚至完全无效。

为提升低频隔振性能,各类非线性隔振系统得到研究,以期获得理论上完美的全频段隔振系统。基于高静低动刚度(high static low dynamic stiffness)的被动隔振概念,研究人员提出了准零刚度结构概念及其实现方法。

主流的研究工作是将正刚度单元与负刚度单元有机结合,组成非线性系统,通过恰当匹配两组单元,使系统在静平衡位置的等效刚度接近于零。图 7.6.1 所示即为一种典型设计,高静刚度由正刚度弹簧提供,而低动刚度则由负刚度弹簧和正刚度弹簧共同实现,其工作状态如视频 7-3 所示。

视频 7-3
准零刚度隔振系统演示

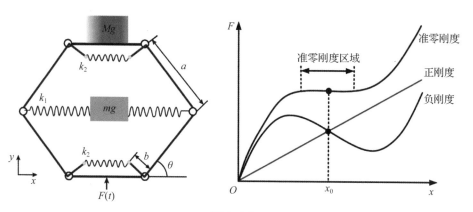

图 7.6.1

能提供正、负刚度的元器件和结构类型比较多样,上述准零刚度的设计思路已有一系列的实现方法,如图 7.6.2 所示。图中(a)为采用斜置弹簧作为负刚度单元与正刚度弹性元件并联,可以组成准零刚度隔振器,(b)为在折纸结构的启发下开发的可折叠准零刚度隔振单元,(c)为永磁体及弹簧的搭配,(d)和(e)分别给结构加入精细设计的弹性材料或滑轨机构,以尽量拓宽准零刚度区域。除此之外,准零刚度设计还包括 X 形状、倒摆等。

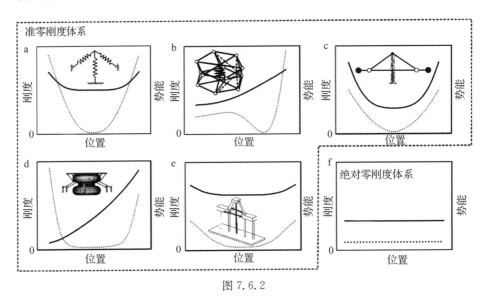

图 7.6.2

上面介绍的是通过刚度出发进行设计的方法,如果换个角度,从整个体系的能量变化角度来观察会有什么发现呢? 图 7.6.2 中各系统的势能往往在很窄的范围内近似保持为常数,一旦远离这一范围,系统势能就会发生很大改变,体系会寻找势能最小点达到平衡。聪明的同学可能会问,那是不是可以用随遇平衡的思路来进行设计了呢?

其实,绝对零刚度系统就是一个随遇平衡系统,而准零刚度系统实际上是"随遇平衡+稳定平衡"的系统。在工作点附近的一定振幅内,准零刚度系统表现出的就是随遇平衡,因此可以有效地减小外部激励对隔振目标的影响,即低动刚度。但是超出工作范围后,系统需要能够迅速恢复到原来的工作状态,即高静刚度。因此,准零刚度隔振系统在大振幅情况下会失效。

另外,设计随遇平衡系统的同学一定希望适当利用一点摩擦,但对于准零刚度隔振系统,则是要尽可能减小摩擦的影响。

7.6.2　实验要求

设计一个准零刚度隔振系统。可以基于刚度设计,也可以采用类似于随遇平衡系统的从势能的角度出发进行设计。

实验材料：

由指导教师提供弹簧、质量块等,实验室提供常用的工具,另外的辅助材料可由学生自备。如果牵涉到复杂的结构件,可以采用 3D 打印的方式加工,也可通过指导教师联系金属加工师傅。

评价指标：

(1)隔振效果。系统隔振的宽频特性、低频特性,以及振幅范围。

(2)结构造型。结构简单、新颖、美观也是一个重要的指标。

(3)可拓展性。作品是否有可进一步完善、改进的空间,是否可以进一步开发出实用的物品或工具。

7.6.3　学生作品

由于给学生提供了图 7.6.1 所示系统的参考资料,很多同学的作品都明显有借鉴,这里给出一组 X 形状的准零刚度系统作品,如图 7.6.3 所示。其工作状态如视频 7-4 所示,由于系统的摩擦影响较大,隔振效果大受影响,特别是在 5Hz 以下。

视频 7-4
准零刚度隔振系统作品测试过程

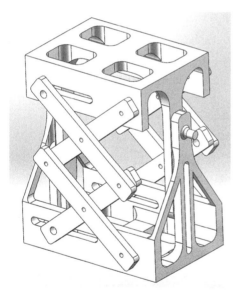

图 7.6.3

7.7　四驱四转移动机器人设计

7.7.1　工程背景

移动机器人是一个集环境感知、动态决策与规划、行为控制与执行等多种功能于一体的综合控制系统,在工业和国防上具有广泛的应用前景。由于其多应用在军事、危险环境或服务业等众多场合,在这些复杂的实际地形环境中,对稳定性、通过性和机动灵活性的要求特别高。另外,当移动机器人沿着规划的轨迹运行时,期望能很好地跟踪轨迹,因而需要移动机器人具有良好的控制策略。

移动机器人按移动方式来分,主要有轮式移动机器人、步行移动机器人、蛇形机器人、履带式移动机器人、爬行机器人等。轮式移动机器人由于其控制简单、运动稳定和能源利用率高等特点,迅速向实用化发展,四轮驱动移动机器人是结构相对简单的。

提到四驱,很多人可能第一个联想到的就是越野车,发动机的动力被分配给四个车轮,遇到路况不好时不易出现车轮打滑,汽车的通过能力得到相当大的改善,但是四驱的内涵要特别丰富。例如,在四转差速模型中,虽然四个轮子只能前后转动,但轮子的差动却可以实现转向。此时,根据理论力学"瞬心"的概念,四个轮子的速度无法同时垂直于瞬心,因此四转差速实现转向必然会出现滑动。转向运动靠滑动摩擦力产生,是四个轮子速度不一致被动产生的,摩擦的损耗极大,因此四驱差速机器人常被用于泥土比较松软的野外环境。

20世纪70年代,瑞典科学家Bengt Erland IIon发明了麦克纳姆轮,简称麦轮。麦轮主要由轮毂、辊子和辊子轴构成,轮毂是支撑架,辊子沿与轮毂夹角45°的方向平行排列,如图7.7.1所示。一般机器人有两个左旋轮、两个右旋轮,左旋轮和右旋轮按照X形安装,才能让机器人具有全向移动的能力,如图7.7.2所示。除了基本的前进、后退的方向,直角拐弯车头都不用换,就算是原地360°旋转也丝毫不在话下。同样的,麦轮也是依靠轮子间不同的滑动摩擦力相互叠加合成来实现机动的,也有磨损的问题。

图7.7.1　　　　　　　　　　　　　图7.7.2

四轮独立驱动-四轮独立转向(four-wheel-independent driving and four-wheel-independent steering,4WID4WIS)移动机器人,四个轮子都可以独立地被电机驱动前进、后退,同时每个轮子也可以独立地被另一电机驱动转向,即每个轮子有两个自由度,整体有8个自由度,可谓是非常"自由灵活"了(具有驱动冗余,冗余度为$2n-3$,$n\geqslant3$为车轮个数),因此控制也更复杂了。通过运动模型分析(图 7.7.3),找出几何中心速度和角速度与四个独立动轮速度的关系方程,便可编程实现对小车移动的控制。

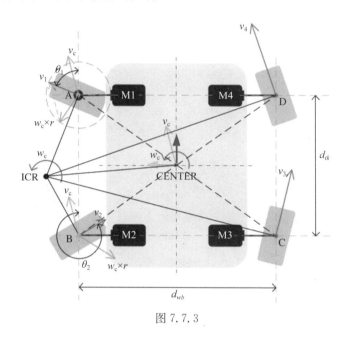

图 7.7.3

　　四驱四转机器人非常灵活,运动性能远远优于前面提到的两种,而且控制方式灵活、运动模式多样,可实现任意方向自由移动,斜移模式可实现−90°到+90°转向,高速转向时通过降低车身横摆角速度,有效抑制车身发生动态侧偏的倾向,保障车身灵活、稳定、快速通过特定狭小区域,可拓展机器人狭小空间应用场景。

7.7.2　实验要求

　　设计并制作一个四驱四转移动机器人。

　　实验材料:

　　实验室提供常用的工具,电脑板、蓝牙模块、舵机等主要材料由学生根据设计需求自行采购(提供发票报销),其他辅助材料可由学生自备。如果牵涉到复杂的结构件,可以采用 3D 打印的方式加工,也可通过指导教师联系金属加工师傅。

　　评价指标:

　　(1)运动性能。作品是否机动灵活,能实现各种运动模式。

　　(2)操控方式。这个主要是相应的软件编程,在有驱动冗余的情况下,如何采取相对优化的驱动方式。

　　(3)可拓展性。作品是否有可进一步完善、改进的空间,是否可以进一步开发出实用的工具。

7.7.3　学生作品

图 7.7.4 为一组学生的作品,视频 7-5 为测试过程。由于开发时间有限,未能通过编程实现多种运动模式,但也已经是非常不容易的了。

图 7.7.4

7.8　多足机器人设计

7.8.1　工程背景

上一节介绍了轮式移动机器人,其在相对平坦的地形上行驶时有相当的优势,但在不平地面上行驶时,能耗将大大增加,而在松软地面或严重崎岖不平的地形上,车轮的作用也将严重丧失。为了改善轮子对松软地面和不平地面的适应能力,履带式移动机器人应运而生。目前,轮式、履带式机器人已经能满足很多应用场景的需求。

但这并不足够,在另外一些人类无法到达的地方,或可能危及人类生命的特殊场合,如行星表面、发生灾难的矿井、防灾救援和反恐斗争等,地形不规则和崎岖不平是这些环境的共同特点,轮式机器人和履带式机器人的应用受到限制。在这种背景下,多足机器人的研究蓬勃发展起来。

多足机器人的运动轨迹是一系列离散的足印,运动时只需要离散的点接触地面,可以在可能到达的地面上选择最优的支撑点,对崎岖地形的适应性强,对环境的破坏程度也较小。多足机器人的腿部具有多个自由度,使其运动的灵活性大大增强,可以通过调节腿的长度保持身体水平,也可以通过调节腿的伸展程度调整重心的位置,因此不易翻倒,稳定性更高。

相较于轮式、履带式机器人，多足机器人需要用到更多运动学、动力学知识，其中的一个关键就是步态及步态控制。步态是指机器人的每条腿按一定的顺序和轨迹的运动过程，是确保步行机构稳定运行的重要因素，步态控制则是使机器人按照规划的步态运动的一种控制方法。为了在步态生成过程中保持机体的稳定性，要求机器人行走过程中，必须保证至少有三条足处于支撑相状态。同时，为了确保样机在行走过程中具有较好的稳定性，规定相邻步行足不可以同时处于摆动相状态，即机器人的相邻足不可能同时开始摆动。

仿生式机器人是模仿自然界动物的外部形状及运动行为发展而来的，具有特殊的运动方式，在不确定性环境中具有更好的适应性与稳定性。类蜘蛛形机器人是其中很有代表性的一种，其设计灵感源自蜘蛛的多足运动和适应性。类蜘蛛形机器人具有适应性强、高度灵活性、稳定性强、执行多任务能力和适应复杂环境等优势，在多个领域展现了出色的应用前景，成为执行多样化任务的有力工具。

当然，多足机器人目前也存在一些不足，比如，为使腿部协调稳定运动，从机械结构设计到控制系统算法都比较复杂，相比自然界的节肢动物，仿生多足机器人的机动性还有很大差距。

7.8.2　实验要求

设计并制作一个多足机器人。

实验材料：

实验室提供常用的工具，电脑板、蓝牙模块、舵机等主要材料由学生根据设计需求自行采购（提供发票报销），其他辅助材料可由学生自备。如果牵涉到复杂的结构件，可以采用 3D 打印的方式加工，也可通过指导教师联系金属加工师傅。

评价指标：

（1）运动性能。作品的运行适应性、灵活性、稳定性。

（2）操控方式。这个主要是相应的软件编程，如何把控制指令转化为有效的步态控制，并有效运行。

（3）可拓展性。作品是否有可进一步完善、改进的空间，是否可以进一步开发出实用的工具。

7.8.3　学生作品

图 7.8.1 为一组同学设计并制作的蜘蛛机器人，蜘蛛的每条腿需要三个舵机，而普通单片机通道数有限，所以设计成四足的形式。由于开发时间有限，未能通过编程实现遥控，只是通过程序固化了一段"舞蹈"动作，一起通过视频 7-6 来欣赏一下吧。

视频 7-6
蜘蛛机器人作品
测试过程

图 7.8.1

7.9　球形机器人设计

7.9.1　工程背景

看过《星球大战》系列电影的同学，一定对其中可爱的 BB-8 机器人（图 7.9.1）还有印象吧，这样的球形机器人已经不仅停留在科幻电影里面了。

国外对球形机器人的研究较早。1996 年，世界上出现了首例球形机器人Rollo，使用转动体驱动，即主动轮通过绕安装轴转动来使机器人向前移动，驱动单元的惯性力通过摩擦传递到球壳。1997 年，意大利比萨大学设计了球形机器人 Sphericle，使用球-车运动系统，即在球里放一个四轮小车，车轮的差速转动通过摩擦力将扭矩传送到整个封闭外壳，从而控制整个机器人的运动。2002年，伊朗研究人员甲瓦笛贾和墨稼毕制作出了移动质量块驱动的球形机器人August。

由于其独特的封闭式结构，被发明出来之后，球形机器人就被设计了各种应用场景，比如火星探测车。第一款真正意义上能实用的球形机器人是 Guard-bot（图 7.9.2），最初就是为火星任务而设计的，后改为在地球上使用，现在是美国军方的水陆两栖安全监控机器人。它配备了两个监控摄像头、一个可持续 25小时的电池、麦克风和 GPS 接收装置（可通过卫星或远程控制它）。别看圆滚滚的造型挺可爱，它的本事可不小，可以在任何地形上滚动，包括雪、沙子和泥土，甚至还能游泳。

图 7.9.1

图 7.9.2

视频 7-7
球形机器人游泳

视频 7-8
球形机器人爬
楼梯

我国在球形机器人研究方面也有亮点,例如浙江大学航空航天学院王宏涛教授团队的研究成果,除了能游泳(视频 7-7),还能腾空跳起甚至爬楼梯(视频 7-8),是名副其实的"高机动性两栖(high mobility amphibious)"球形机器人。这是一种"摆锤式"的球形机器人,其驱动原理如图 7.9.3 所示。摆锤有相互垂直的两个转动自由度,向一侧举起摆锤改变重心分布,可以使其滚动,旋转摆锤则可以通过动量矩守恒来改变行进方向。

图 7.9.3

目前,球形机器人仍是机器人研究领域的热点,应用场景也不断涌现,让我们期待更多、更好的成果。

7.9.2 实验要求

设计并制作一个球形机器人。

实验材料:

实验室提供常用的工具,电脑板、蓝牙模块、舵机等主要材料由学生根据设计需求自行采购(提供发票报销),其他辅助材料可由学生自备。如果牵涉到复杂的结构件,可以采用 3D 打印的方式加工,也可通过指导教师联系金属加工师傅。

评价指标:

(1)运动性能。作品的运行适应性、灵活性、稳定性。

（2）操控方式。这个主要是相应的软件编程，如何能方便、有效地控制运动。

（3）可拓展性。作品是否有可进一步完善、改进的空间，是否可以进一步开发出实用的工具。

7.9.3　学生作品

视频 7-9
球形机器人作品
内部测试

视频 7-10
球形机器人作品
运行测试

球壳挡住了内部结构，此处就不提供作品的照片，而是通过视频来展现。视频 7-9 为学生在进行内部机构有效性测试，视频 7-10 为实际运行测试。

7.10　异形机器人设计

7.10.1　工程背景

相传 1700 多年前，诸葛亮发明木牛流马为蜀军运送粮草，这应该可以算是对仿生机械的早期研究成果吧。小说《三国演义》更是对木牛流马加以文学渲染、使其神秘化，按照小说的描述，木牛流马完全可以算是"仿生机器人"。

仿生机器人是指模仿生物、从事生物特点工作的机器人。在介绍多足机器人的时候已经提到，蜘蛛机器人就是一种很好的仿生。上了 2021 年央视春晚的机械狗，也是一种仿生多足机器人。

现在很火的"人形机器人"，实际上就是模仿人类活动的仿生机器人。21 世纪人类将进入老龄化社会，发展人形机器人将弥补年轻劳动力的严重不足，解决老龄化社会的家庭服务和医疗等社会问题。当然，人形机器人的复杂程度是可想而知的。

蛇形机器人是一种能够模仿生物蛇运动的新型仿生机器人。由于它能像生物一样实现"无肢运动"，因而被国际机器人业界称为"最富于现实感的机器人"。蛇的各种独特的运动特性，赋予蛇形机器人多种功能，能够适应各种复杂地形。在设计蛇形机器人的过程中，除了机器人动力学，摩擦学的相关理论也非常重要。

除此之外，还有花样繁多、形状各异的仿生机器人。几年前，科技工作者为圣地亚哥市动物园制造电子机器鸟，它能模仿母兀鹰，准时给小兀鹰喂食；日本和俄罗斯制造了一种电子机器蟹，能进行深海探测，采集岩样，捕捉海底生物，进行海下电焊等作业；美国研制出一条名叫查理的机器金枪鱼，通过摆动躯体和尾巴，能像真的鱼一样游动，可以利用它在海下连续工作数个月，测绘海洋地图或检测水下污染、拍摄海洋生物。

有的科学家正在设计金枪鱼潜艇，其实就是金枪鱼机器人，行驶速度可达 20 节，是名副其实的水下游动机器。它的灵活性远远高于现有的潜艇，几乎可以到达水下任何区域，由人遥控，它可轻而易举地进入海底深处的海沟和洞穴，悄悄地溜进敌方的港口,进行侦察而不被发觉。作为军用侦察和科学探索工具,其发展和应用的前景十分广阔。

　　近年来,我国在仿生机器人方面的研究也成果颇丰。例如,图 7.10.1 中世界顶级学术期刊 *Nature* 封面文章,就是由浙江大学航空航天学院李铁风教授团队研发的电子鱼。受超深渊带中生活的狮子鱼启发,李铁风团队设计了这款能够进行深海勘探的自供能仿生软体机器鱼。该机器鱼不仅能够在马里亚纳海沟 10900m 深处成功驱动,还可以在南海 3224m 深处自由游泳。

图 7.10.1

7.10.2　实验要求

设计并制作一个外形奇特的仿生机器人。

实验材料:

实验室提供常用的工具,电脑板、蓝牙模块、舵机等主要材料由学生根据设计需求自行采购(提供发票报销),其他辅助材料可由学生自备。如果牵涉到复杂的结构件,可以采用 3D 打印的方式加工,也可通过指导教师联系金属加工师傅。

评价指标:

(1)运动与操控。作品是否能够实现设想的仿生运动,是否能通过软件编程实现方便、有效的运动控制。

(2)结构造型。结构简单、新颖,具有一定的创新性。

(3)可拓展性。作品是否有可进一步完善、改进的空间,是否可以进一步开发出实用的工具。

7.10.3　学生作品

视频 7-11
蛇形机器人作品
运行测试

图 7.10.2 为一组学生设计并制作的蛇形机器人,视频 7-11 为测试过程。由于开发时间有限,而蛇形机器人设计难度非常大,最终并未达到预期效果,但也非常不容易。

图 7.10.2

参考文献

[1] 范钦珊,王杏根,陈巨兵,等. 工程力学实验[M]. 北京:高等教育出版社,2006.

[2] 赵志岗,贾启芬,候振德,等. 工程力学实验[M]. 北京:机械工业出版社,2008.

[3] 王杏根,胡鹏,李誉. 工程力学实验(理论力学与材料力学实验)[M]. 武汉:华中科技大学出版社,2009.

[4] 范钦珊. 工程力学教程(Ⅱ)[M]. 北京:高等教育出版社,1998.

[5] 庄表中,王惠明. 应用理论力学实验[M]. 北京:高等教育出版社,2009.

[6] 王谦源,陈凡秀,韩明岚,等. 工程力学实验[M]. 北京:科学出版社,2008.

[7] 季天健,Adrian Bell. 感知结构概念[M]. 武岳,等译. 北京:高等教育出版社,2009.

[8] JI TIAN JIAN, BELL A. Seeing and Touching Structural Concepts[M]. London:Taylor & Francis,2008.

[9] 张琪昌,贾启芬,等. 理论力学常见运动机构动画及轨迹演示系统[M]. 天津:天津大学出版社,2003.

[10] 朱金生,凌云. 机械设计实用机构运动仿真图解[M]. 北京:电子工业出版社,2012.

[11] 贾玉红,黄俊,吴永康. 航空航天概论[M]. 北京:北京航空航天大学出版社,2013.

[12] 庄表中,王行新. 动摩擦系数的测定[J]. 理化检测:物理分册,1992,28(1):41-42.

[13] 陈春澄,庄表中. 关于测试物体转动惯量方法的探讨[J]. 力学与实践,1992,6:48-49.

[14] 庄表中,叶向荣. 拳击机的拳击力标定方法研究[J]. 力学与实践,1994,2:27-30.

[15] 刘延柱. 趣味刚体动力学[M]. 北京:高等教育出版社,2008.

[16] 费学博. 高等动力学[M]. 杭州:浙江大学出版社,1991.

[17] 单健. 趣味结构力学[M]. 北京:高等教育出版社,2008.

[18] 庄表中,张方洪. 理论力学的创新实验天地广阔[J]. 浙江大学教学研究,2001,2:24-25.

[19] 张方洪,庄表中. 理论力学的创新实验室初见成效[J]. 高等工程教育研究,2001,4:91-92.

[20] 庄表中,王惠明. 理论力学工程应用新实例[M]. 北京:高等教育出版社,高等教育电子音像出版社,2009.

[21] 庄表中,张方洪. 理论力学创新应用演示与实验(多媒体光盘)[CD]. 北京:高等教育出版社,高等教育电子音像出版社,2002.

[22] 庄表中,张方洪. 振动控制及其工程应用(多媒体光盘)[CD]. 北京:高等教育出版社,高等教育电子音像出版社,2002.

[23] 庄表中,王惠明. 随意平衡和"一个半自由度系统"概念与应用[C]//2014力学论坛论文集. 北京:高等教育出版社,2014.

[24] 哈尔滨工业大学理论力学教研组.理论力学Ⅰ[M].7版.北京:高等教育出版社,2009.

[25] 密歇尔斯基.理论力学习题集[M].哈尔滨工业大学理论力学教研室,译.北京:商务印书馆, 1953.

[26] 斯范脱利切基.机械系统随机振动[M].北京:高等教育出版社,1988.

[27] 庄表中,王惠明.理论力学应该上实验课[C]//力学课程报告论坛组委会,力学课程报告论坛论文集 2006.北京:高等教育出版社,2007.

[28] 毛根海.应用流体力学实验[M].北京:高等教育出版社,2008.

[29] 贝达特.相关分析和谱分析的工程应用[M].北京:国防工业出版社,1980.

[30] ERLICH R. Experiments with "Newton's Cradle"[J]. The Physics Teacher,1996,34:181-183.

[31] 董智力,何广乾,林春哲.张拉整体结构平衡状态的寻找[J].建筑结构学报,1999(5):24-28.

[32] 竺韵德,白国辉,崔建忠,等.八音琴设计与音片的振动[M].北京:新时代出版社,1996.

[33] 车晓波,魏琳.田径旋转投掷项目的力偶和动量偶分析研究[J].南京市体育学院学报,2011, 15(1):10-12.

[34] 庄表中,王惠明.八音琴中的力学应用研究[J].力学与实践,2009,31(1):100-103.

[35] 王惠明,庄表中,费学博.一个魔术的动力学分析——铁环与铁链套结过程[J].力学与实践, 2009,31(3):108-109.

[36] 庄表中,王惠明,李振华.魔术的力学分析之二——四连环与莫尔定理的套结过程[J].力学与实践,2010,32(1):100-101.

[37] 庄表中,孙成奇,俞立香.魔术动力学分析之三——一根铁链与多个铁环的套结过程[J].力学与实践,2010,32(6):116-117.

[38] 庄表中,王惠明,李振华.概率统计与基础力学——随机基础力学探索[C]//力学课程报告论坛组委会,力学课程报告论坛文集(2009).北京:高等教育出版社,2010.

[39] 杨金才,胡少伟,庄表中.垂直升降无齿轮电梯系统的参变随机振动[J].机械强度,2005,27(2):4.

[40] 庄表中.理论力学在交通事故分析中的应用与思考[C]//力学课程报告论坛组委会,力学课程报告论坛论文集(2011).北京:高等教育出版社,2011.

[41] 庄表中,王永.魔术动力学分析之四——冲击使六颗骰子按指定的点数显示[J].力学与实践,2011(6):105-106.

[42] 王永,田燕萍,庄表中.猴子玩具跳起360°翻跟斗能站稳[J].力学与实践,2012,34:120-121.

[43] 庄表中,金肖玲,王惠明.动量矩偶概念在飞行器控制中的应用探索[C]//2014 力学论坛论文集.北京:高等教育出版社,2014.

[44] 李华锋,商宏学,王永.三线摆测刚体转动惯量:实验改进与教学体会[J].力学与实践,2021, 43(5):766-770.

[45] 班恩德·佛勒斯纳.神秘机器人[M].林碧清,译.北京:航空工业出版社,2023.

[46] 安德里亚·米尔斯.机器人[M].覃芳芳,丁颖,译.郑州:河南美术出版社,2021.

[47] 范·哈迪斯蒂.飞行世界[M].韩洪涛,译.昆明:云南出版集团晨光出版社,2022.

[48] 许贤.张拉整体结构的形态设计与控制[M].北京:科学出版社,2017.

［49］崔玉鑫.机械系统动力学［M］.北京:科学出版社,2017.

［50］王永,金肖玲,庄表中.玩具和魔术中的力学［M］.北京:高等教育出版社,2021.

［51］钟伟雄,韦凤,邹仁,等.无人机概论［M］.北京:清华大学出版社,2019.

［22］杨卫,赵沛,王宏涛.力学导论［M］.北京:科学出版社,2020.

［53］Wu L,Wang Y,Zhai Z,et al. Mechanical metamaterials for full-band mechanical wave shielding［J］. Applied Materials Today,2020(20):1-8.

［54］四驱四转移动机器人运动模型及应用分析［EB/OL］.(2024-03-01)https://zhuanlan.zhi-hu.com/p/616079364.